基于BIM
技术的乡村统建
住宅协同设计模式

姚 刚 常 虹 罗萍嘉 编著

中国建筑工业出版社

序

本书有如下三个主要特点：

一、建立了 BIM 正向设计的技术方法

BIM 的应用已经较为普遍，但行业和设计者在利用 BIM 技术进行设计时，从建筑方案设计概念开始进行正向设计，还不普及。本书中的BIM技术应用，逐步建立了贯通前端设计师三维BIM建模设计，到信息模型设计数据深化，直至生产、施工、交付等阶段的协同数据关联。BIM正向设计过程涉及不同专业、不同软件的协同，设计师三维建模完成后，会使用该信息模型结合不同的软件计算日照、风速、能耗等参数和进行数据分析，并将分析结果汇总至 BIM 模型中，这种方式提高了建筑信息模型数据系统动态更新的完整性、多元性和准确性。通过改变和优化数据流程，逐步改变利用二维图纸进行BIM软件"翻模"的普遍现象。

二、建立乡村统建住宅协同设计技术方法

协同设计技术方法是多工种、多团队、多目标BIM数据创建、采集、反馈的基础。乡村统建住宅无论是整体规划、建筑单体，还是管线设施设备、基础配套工程的设计、深化、施工，都主要由专业技术人员协同设计完成。可持续发展的乡村建设，需要各类设计团队在乡村住宅建设中的深度参与，并且在住宅设计中尽可能发挥村民的自主性，采集村民的需求和对住宅、住区的性能要求数据，通过信息技术和数

据分析，寻求专业统建和村民自主建造的目标平衡。探索乡村统建住宅协同设计方法的重点和难点就在于如何协同专业人员与非专业人员（当地村民或政府）的需求关系，以及如何将专业设计体系和村民自建相融合。在乡村统建住宅设计与建设的专业化与多元化的基础上，通过协同设计技术与方法，建立保障住宅和住区品质的BIM技术模拟和工程应用，本书在这一方面形成了很好的成果。

三、以 T&A House 为例的 BIM 乡村统建住宅协同设计方法应用

BIM技术应用在乡村统建住宅的设计建造中，为乡村统建住宅的"专业统建+乡村自建"模式提供了技术支撑。村民可根据居住实际需要，在不同时间段，通过需求数据系统在专业统建允许的范围内参与进项目，同时全程可获得基于信息模型的专业指导，这种协同建设模式既保证了乡村统建住宅整体布局、风貌和建设标准的统一，又在单体建筑中体现乡土性、多元性与高品质，研究探索适应乡村发展的建设模式，从而验证了基于 BIM 技术协同设计建造的巨大潜力。

本书是国家重点研发计划项目"乡村住宅设计与建造关键技术"（项目编号：2018YFD1100900）研究成果，作为研究参与者的中国矿业大学科研团队，在研究成果的基础上总结提炼，历经科研创新和现场实践的艰辛，终成此书，为读者展示了面向"乡村振兴"的农村宜居社区和住宅环境设计建造的BIM协同技术研究、研发和应用的成功案例，具有创新性和很高的可读性。

东南大学建筑学院教授

张嵩

2022年10月

前　言

当前乡村统建住宅建设面临需求多样、所建非所需、标准资源难获取、沟通机制不畅、建成品质低等问题。本书围绕乡村住宅集体统建设计、建造过程，分析乡村统建住宅设计、建造、受众、管理各相关方的互动、协作特点，引入GIS、BIM等信息化技术，建立可视化、网络化、交互式的乡村统建住宅协同设计模式，实现村民、设计师、施工方、监管等多方参与及协作，满足美丽乡村标准化、产业化、多样化设计建造需求。

本书的研究成果所形成的非设计人员与设计人员的协同设计理论与模式，解决了所建非所需的问题，让乡村住宅能够真正体现村民的需求，实现了以村民为本的设计理念；形成的设计人员的多专业协同设计方法，解决了专业间的信息孤岛问题，实现了乡村统建住宅的正向设计，构建了信息集成的住宅模型，为乡村住宅的智能建造提供了基础条件。

本书由国家重点研发计划项目"乡村住宅设计与建造关键技术"（项目编号：2018YFD1100900）资助，姚刚、常虹、罗萍嘉编著。感谢清华大学赵红蕊教授、胡振中副教授、林佳瑞讲师、同济大学杨斌副教授、中国建筑设计研究院有限公司张亚斌高级工程师、李思瑶工程师、温玉央助理城市规划师参与了本书第2章的编写，中国矿业大学李成副教授参与了本书第3章的编写，邵泽彪老师参与了本书第4章的编写。同时感谢硕士研究生乔楠、黄心硕、姬昂、苗舒康、芮阅参与了书稿的文字整理与图表绘制工作。

目　录

1

概　述

GAISHU

基于BIM技术的乡村统建住宅协同设计模式

1.1　乡村统建住宅

1.1.1　乡村统建住宅的概念

党的十九大报告中提出了乡村振兴战略并指出，农业农村农民问题是关系国计民生的根本性问题，必须始终把解决好"三农"问题作为全党工作的重中之重，实施乡村振兴战略[1]。2021年发布的《中共中央国务院关于全面推进乡村振兴加快农业农村现代化的意见》中指出，民族要复兴，乡村必振兴。要坚持把解决好"三农"问题作为全党工作重中之重，把全面推进乡村振兴作为实现中华民族伟大复兴的一项重大任务，举全党全社会之力加快农业农村现代化，让广大农民过上更加美好的生活。2022年，中共中央办公厅、国务院办公厅印发了《乡村建设行动实施方案》，并发出通知，要求各地区各部门结合实际认真贯彻落实。《乡村建设行动实施方案》明确了乡村建设行动的路线图，确保到2025年乡村建设取得实质性进展，农村人居环境持续改善，农村公共基础设施往村覆盖、往户延伸取得积极进展，农村基本公共服务水平稳步提升，农村精神文明建设显著加强。乡村住宅作为乡村最基本的物质空间载体之一，是乡村建设行动实施的重点和难点之一，也是全面实现乡村振兴战略中的一个重要组成部分，因此，乡村住宅的重要性不言而喻。

乡村住宅作为村庄区域范畴的基本单元之一，与乡村居民生产生活息息相关。乡村住宅受现有乡村社会分层的差异化、居住需求的多样化和住宅空间的多变性影响，所具备的复杂性不言而喻，其建造的方式是自下而上的、内生性的。

乡村统建住宅是在城镇化进程中涌现出来的乡村住宅类型，无论是整体规划、建筑单体，还是管线设施、基础配套的设计、深化、施工，都主要由专业技术人员统一完成。乡村统建住宅指由专业团队指导住宅设计，由施工方进行统一建设的住宅，这类乡村住宅建设周期短，功能设施齐全，居住环境良好，显著提高了村民的住房质量和生活状况。

统建住宅可以说是顺应了时代发展的要求，但是这种建设方式在取得一定成就的同时也暴露出一些问题：完全由专业团队主导的大规模统一且快速的建设难免会忽略建筑单体的独一性、地域性和乡土性；居民的收入、生活习惯等差异性也被忽略；大规模建设导致村味荡然无存，千村一面，城乡难辨等乱象。由此可见，一个可持续发展的乡村建设，需要控制专业设计团队在乡村住宅建设中的参与程度，并且应在住宅设计中尽可能发挥村民的自主创造性，寻求专业统建和村民自主建造的平衡。探索乡村统建住宅协同设计方法的重点和难点就在于如何协同专业人员与非专业人员（当地村民或政府）的关系，以及如何将专业设计体系和村民自建相融合，以提升乡村统建住宅设计与建设的专业化与多元化。

1.1.2 乡村住宅的演变历程

乡村住宅，是指在乡村中满足乡村居民日常居住活动而建造的建筑。现在乡村内存留的住宅，按照建设模式，大体可分为传统乡村住宅、自建乡村住宅、乡村统建住宅三类[2]。上述三种模式，出现时间依次推后、专业设计介入程度逐步加大、住宅建设速度随即加快。

1.1.2.1 传统乡村住宅

传统乡村住宅是指村内大部分住宅都是按照传统方式建造，且建筑形式、空间格局等大体得以保存的乡村住宅。传统乡村住宅是我国乡村住宅建设的原始模式，由工匠和村民共同完成：村民依自身条件、生活需要等与工匠商定住宅修建方案，工匠继而应用传统建造技艺、当地材料等进行建造。

但是，随着生产生活的发展、城市化进程的加快、房屋建造方式的变革等，传统聚落中既有的乡村住宅越来越不适应现代生活的需求。传统乡村住宅中现存的居住问题应引起足够重视，比如村中人居环境、基础设施等方面的建设已大大滞后于时代发展的要求，加之空心化、老龄化等现象严重。在后续乡村住宅的设计中应避免此类问题重现，以满足村民日常生产生活的需求。

现存传统乡村住宅所表现出的建筑形态、细部做法等，都是建造技艺历经千百年传承、进化的结果，其结果可以看作是村民们历经时代共同设计的成就。虽然并非尽善尽美，但多数要素都历经了时间与环境的考验，基本符合大部分村民对生产、生活、审美、文化等方面的客观需求，在一定程度上反映出他们对于美好家园的最初构想。虽然这类乡村建设的年代较为久远，建设初期的物质资源与现代社会相比较为匮乏，但是"在不同时代和不同地域，没有受过正规训练的建造者反而展现了一种令人敬佩的把建筑融入自然环境中的才能"[3]。传统聚落因地制宜的巧思，住宅的有机布局，容纳乡愁的场所感，以及引人入胜的魅力等，无疑都使其成为当今乡村住宅学习、借鉴的宝贵财富。

1.1.2.2　自建乡村住宅

自建乡村住宅是指原传统聚落中的大部分住宅已被拆除，村民在原址或新址上又进行改建、重建的乡村住宅。自建乡村住宅是我国目前数量最多的乡村住宅类型，由施工队和村民共同完成。其中，村民会向施工队提出符合自身条件的生活需要，而施工队需要商定修建方案。

自建模式在城乡二元化的格局下成为我国乡村住宅建设的主流方式，不仅现在而且将来很长一段时间内都会普遍存在于全国各地。虽然其建设仍以自发性为主要特征，但已不同于传统聚落经年累月的反复锤炼，大多仅在较短时间内就完成了建设，是村民关于乡村住宅最基本需求的直接映射。

自建乡村住宅的建设仍以自发性为基本特征，缺乏自上而下的把控和指导，不利于整体乡村环境的发展。自建乡村住宅的既缺乏设计统筹又缺乏建造监理，导致其建设上一方面平均水准较低，缺少评价体系，另一方面盲目跟风，使建筑风格趋向一致，传统印记慢慢遗失。由此，住宅最终呈现出的建筑形式、功能布局等多来自地域性的通用做法，村民的个性化需求、乡村的地域性特征都没有得到切实满足和体现。

然而自建乡村住宅毕竟是我国存在范围最广泛的乡村住宅类型，被绝大多数的村民所熟悉与接受，其存在意义不可小觑。因此，客观地评价、总结自建乡村住宅所具备的建造优势与现存居住问题，有利于思考调动自下而上主观能动性在当今乡村住宅设计中的重要意义。

1.1.2.3　乡村统建住宅

乡村统建住宅是在快速城镇化进程中涌现出来的新乡村建筑类型，无论是整体规划、建筑单体，还是管线设施、基础配套的设计、深化、施工，都主要由较专业的技术人员统一完成。乡村统建住宅指由专业团队指导住宅设计，由施工方进行统一建设的住宅。建筑师在设计前对当地传统生活进行不同程度的调研，针对城镇化、集聚化与传统生活延续之间的平衡关系有自己的认识并因地制宜做出处理。

通常乡村统建住宅采用自上而下的建设模式，乡村统建住宅遵循的统一规划模式使建设更加迅捷，改善了乡村居住环境、村民生活品质，同时也推进了乡村经济建设和城市化进程。这些含有现代生活元素的新式农房有着较大的普及优势。

在乡村统建住宅中存在着乡村过度化发展的问题，极大地刺激了乡村建设量的增加。因此，这类模式更多地表现为缺陷多、无特色的普通住宅。在村落空间布局形态方面，建筑师不自觉地在规划中把村落形态往城市居住小区上依附，使乡村风貌变得生硬；在功能空间方面，盲目遵从城市住宅生活功能，使空间布局不合理，缺少生产空间，使之难以适应村民生活；在造型方面，这些新式住宅既没有城市那样的现代气息，也缺少了当地传统特色，缺乏乡村环境所特有的个性、美感和魅力；在经济、结构方面，难以保证的质量、较短的使用寿命带来重复建设，造成资源、经济上的浪费；快速发展导致基础设施、公共服务设施科学配置没有正常跟进。历史、文化、地域和空间形态上同质化导致了这些乡村住宅的无根状态。它们有着不少缺点却仍被许多地方村民追捧，产生许多原有村落之外另建新村的现象。

相较于传统乡村住宅和自建乡村住宅，乡村统建住宅的建设周期短，配套全，用地集中，环境良好，村民的居住物质条件在短时间内得到了较大提升。这些都属于专业设计在乡村住宅领域探索中所取得的成就。如何在这种城镇化冲击下，延续原有乡村的生活特点、传承传统的乡村风貌，也是乡村统建住宅需要解决的问题。

1.1.3　乡村统建住宅的建造模式

以往的乡村住宅是一个自发自建的过程，看似是无序的生长，其内核是生产要素、生活要素、血缘关系、族群关系和地域文脉等多方面因素所融合的共同结果。这些多要素之间的关系，也会间接地影响到乡村住宅的选址、设计和建造等各个环节。随着时代变迁，当下普遍存在的乡村住宅建造模式主要有三种：①以村民为主导的自下而上的自主建造模式；②以政府为主导的自上而下的代建模式；③以政府为主导、村民密切参与的自上而下与自下而上相结合的建造模式。

1.1.3.1　自下而上的建造模式

以村民为主导的建设是一种自下而上的模式，多出现在我国自然资源丰裕但交通不便的偏远地区。虽然随着时代的变迁，这些地区在建造材料和建造方式等方面取得了不少进步，但从村民自身来看，部分落后地区的经济发展水平相对落后，建设人才匮乏，相比发达地区乡村住宅建设的迅猛发展，还是存在着建造水平相对落后的问题。

1.1.3.2　自上而下的建造模式

以政府为主导的代建是一种自上而下的模式，政府在乡村建设中扮演了积极的引导者和行动主体的角色，在乡村的规划、建设和推动等方面起到了重要作用。这种模式一般适用于乡村经济水平较发达的区域，由政府部门出面，组织、协调各方力量参与到建设的全过程，可以解决乡村住宅建设施工水平低、质量差等问题。但是，该模式由于过于追求建筑设计风格的统一，容易造成传统乡村住宅建设千篇一律，既体现不出当地的区域特色、人文传承与历史沉淀，更是破坏了传统乡村的建筑肌理，也妨碍了城市文脉的延续。

1.1.3.3　自上而下与自下而上相结合的建造模式

对于乡村统建住宅，要考虑将以上两种建造模式的优点进行有机结合，尝试在以建筑师为代表的专业团队的介入下，探究既能体现符合乡村整体风貌又能满足村民个性化需求的乡村住宅建设方式。

1.1.4 乡村统建住宅的特点

在"新农村建设""迁村并点"等政策的指引与鼓励下，统建新村的建设在全国范围内如火如荼地展开。近几十年来，我国乡村地区发生了翻天覆地的变化：一方面，村民的住房质量、生活状况等在短时间内就得到了较大改善；另一方面，新村建设速度之快、风貌变化之大亦令人惊叹。统建新村的建设确实是顺应了时代发展的要求，成就不容小觑，具有以下特点：

1.1.4.1 建设周期短

与以往乡村住宅的建设特征不同，乡村统建住宅建造多是依靠专业团队的全程参与，在一段时间内依靠各专业高水平的专业技术、丰富的实践经验统一完成。在此条件下，乡村统建住宅的建设周期往往较短。以江苏省徐州市铜山区三堡街道四堡村燕营更新改造与乡村统建住宅规划为例（图1-1），用地约7.0万平方米，提供总计226户住宅，设计时

图 1-1 江苏省徐州市铜山区三堡街道四堡村燕营更新改造与乡村统建住宅规划
图片来源：中国矿业大学建筑与设计学院FFT工作室

间两个月左右，施工用时大约一年。加之该项目前期调研完备、细节处理到位，称得上乡村统建住宅中的精品工程，前后仅用一年多的时间就完成落地，整体的快速设计和施工是在以往的乡村建设中所不能达到的。

乡村住宅的快速落成，一方面响应着我国有关新农村建设的号召，不仅为乡村地区带来了大变化，也完成了迁村并点的工作，置换出大面积的耕地；另一方面也让村民于短时间内搬进了新居，居住条件得到大幅改善。

1.1.4.2　农宅质量高

相较于村民的自建住房，由专业团队主导设计的乡村统建住宅不仅布局合理、结构安全、品质较好，还会采取多种节能措施来提高住宅的使用性能。

以江苏省徐州市铜山区单集镇八湖村集中居住项目为例。其乡村统建住宅（图1-2）采用砖混结构，基础形式为条形基础，同时辅以构造柱、圈梁、过梁等构件提升抗震性能。另外，项目中注重绿色节能环保技术的运用，采用有效的屋面及外墙保温系统。屋面为达到隔热效果，增加一道闷顶层。为彰显徐州汉文化特色，建筑造型采用"楚韵汉风"，

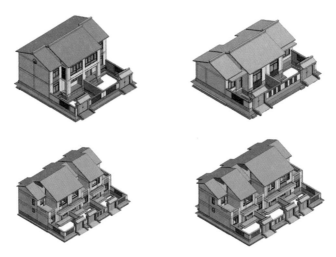

图 1-2　江苏省徐州市铜山区单集镇八湖村统建住宅效果
图片来源：中国矿业大学建筑与设计学院FFT工作室

色彩素淡典雅，又不失新颖别致。类似于江苏省徐州市铜山区单集镇八湖集中居住项目的乡村统建住宅，一方面提高了村民的住宅质量，提升了居住品质，另一方面也延续了地域传统，为新村建设做出了良好示范。

1.1.4.3 基础设施配备完善

乡村统建住宅的建设大多先经由专业人员的规划、设计，再依图深化，最终落实到建造层面。因此，公共空间、综合管网、节能系统等基础设施就被统一布置到了乡村之中，以满足村民关于现代生活的基本需求。

以江苏省徐州市铜山区马坡镇秦水口村集中居住项目为例（图1-3），位于村子核心位置的公共空间既可为村民、甚至游客提供基础服务，也能成为他们日常交流、活动的场所。而供水、电力、电信、热力、燃气等系统管网的完善更是在悄悄改变着村民的生活方式，使其于点滴中就能享受到现代生活的便利。同时，设计团队设计与应用的水资源处理系统还保证了乡村环境的卫生质量，在为村民提供着安全饮用水的同时，亦解决了污水净化问题。由此可见，设计优良的统建新村，其现代基础设施配备之完善是大多数以自发性建设为特征的乡村所无法比拟的。

图 1-3 江苏省徐州市铜山区马坡镇秦水口村集中居住项目鸟瞰图
图片来源：中国矿业大学建筑与设计学院FFT工作室

1.2　BIM 技术

1.2.1　BIM 的定义

BIM（Building Information Model）技术又称为建筑信息模型，是将工程设计、施工、维护等全生命周期的过程进行信息化的技术，通过信息化、参数化的方式构建建筑模型，从而实现管理项目全生命周期历程、优化工程项目资源、缩减工程开支、提升工程施工效率等目的[4]。

BIM最早是应用于石化、汽车和造船行业。在计算机的发展背景之下，美国佐治亚理工大学的Chunk Eastman教授首次提出BDS（Building Description System，建筑描述系统）的概念，这也是BIM的雏形。21世纪，Autodesk公司收购了Revit技术公司，在推广Revit的过程中，Autodesk公司首次提出建筑信息模型（Building Information Modeling，BIM）的概念，并对BIM进行了大量的宣传，从此，BIM的概念才被国内相关人士所了解。早期，中国在一些大型项目上已经率先使用了BIM技术，2008年北京奥运会场馆水立方以及2010年上海世博会中国馆就是这样的例子；发展至今，中国已经深入地应用BIM技术，对BIM的应用已经达到较为熟悉的程度。

1.2.2　BIM 的特点

与传统的以CAD为代表的二维制图、三维制图不同，BIM将CAD的二维制图与三维制图都涵盖在内，应用的维度更深，涉及的内容更为丰富。从宏观的角度看，BIM模型把从早期立项到竣工验收的全链条信息都包含在内。随着实际工程的推进，进度、材料、支出、变更信息等记录不断输入，一项工程全套BIM模型数据量是非常巨大的，建一个模型就是建造一整座建筑，这已经超过了我们以往所熟知的平面展示的各类图纸的概念（图1-4）。从微观的角度看，专业人员采用BIM模型，那么建筑中所包含的所有信息，如门、窗、管线等一览无余，各管线、结构的碰撞冲突清晰可见（图1-5），方便专业人员解决问题，这也不是以往平面图、立面图、剖面图等一系列图纸可以轻松解决的。

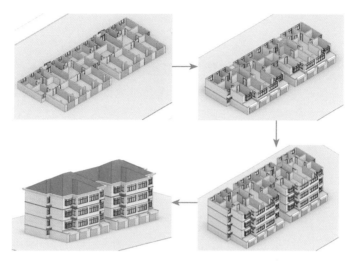

图 1-4　BIM 模型生成

图片来源：中国矿业大学建筑与设计学院FFT工作室

图 1-5　基于 Revit 的 BIM 模型中的设备综合展示

图片来源：中国矿业大学建筑与设计学院FFT工作室

由此，可以总结出BIM技术具有以下特点：

可视化

"所见即所得"，是BIM软件最为直观的特点，可以提前展现出建筑的实际效果。实现在项目的不同阶段都可视，运用3D模型传达完整的建筑信息，更具有指导性，以便项目的沟通、讨论及决策，提高对项目的管理效率。同时，以3D模型作为阶段甚至成果展示，有利于项目使用者更加直观且有效地了解项目的实际情况和空间感受。

参数化

实际工程是由数量庞大的元素构成，在BIM技术应用中，抛去了以往通过点、线、面建立模型的形式，而是利用墙、门、窗等构件进行参数化建模，参数用来给构件赋予属性和性能，以便后续对其数据进行查阅、修改。

协调协同性

通过云端形式，可以进行共享与协作，收集不同的信息，并对收集的信息进行快速分类（图1-6）。BIM设计系统是企业协同合作的一种载体，各方可以在统一模式中提前发现工程的问题，从而减少了营建施工中的问题，并有效地将工程流程的问题协同整合，将建设、施工、经营等流程中可能发生的问题加以调整，从而将工程项目中可能遇到的问题化解在尚未发生的时候。

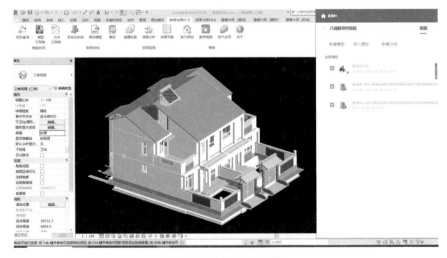

图 1-6　BIM 协同平台界面
图片来源：中国矿业大学建筑与设计学院FFT工作室

全生命周期性

在实际工程中，BIM可应用于项目的全阶段，包括勘探设计阶段、工程施工阶段、运营维护阶段等，将其各阶段周期、成本、人员等各种情况展现出来。

1.2.3 BIM 的应用现状

如今，BIM的应用已经较为普遍，在利用BIM技术进行设计时，常常采用的形式为正向设计与逆向设计。

1.2.3.1 正向设计

正向设计是指从建筑的方案设计概念开始，到设计师三维建模绘图，下游单位沿用模型至生产、施工、交付等阶段。即从最源头的设计到最终的交付、运维全程使用 BIM，也是最正统的"BIM化"。

正向设计过程中涉及不同专业、不同软件的协同，比如在某一个项目中，设计师三维建模完成后，会使用该模型利用不同的软件计算日照、风速、能耗等，进行不同的参数分析，并将分析结果汇总至BIM的模型中，这种方式提高了建筑模型构建的准确性，但也随之带来一个很严峻的问题——需要不同的设计师上传不同的数据，并进行实时更新与改进。

对于复杂模型而言，这种同时应对不同专业不同领域的数据难度大、成本高，设计周期也比较长。

1.2.3.2 逆向设计

建筑行业属于传统行业，受限于技术、人员水平、软件发展等，正向设计的难度相对较大，因此在国内形成了一批逆向设计的方法。

逆向设计是指利用二维图纸进行"翻模"，即按照二维图纸重新进行三维建模，构建BIM模型，以便建筑后期的运维管理。而这一二维模型转为三维BIM模型的过程就被形象地称为"翻模"。

这种手段更适用于既有建筑的信息化需求。但很多时候，由于建筑建造时间久远，建筑图纸缺失，还需要借助如3D激光扫描仪等设备进行实物扫描，获取建筑的实际尺寸，再进行三维建模。相比于正向设计，增加了工作量，但设计难度低。

1.2.3.3　常用功能

在BIM技术的运用过程中，常常使用以下功能：

碰撞检查

在BIM出现之前，施工现场进行碰撞检查是常有的一道工序，而利用BIM技术，可以将模型连接到现场，也就是将碰撞检查前置到设计阶段，对场地布置、定位放线、管线、设施建设等进行安排，提前模拟后续的工作（图1–7）。同时在BIM技术介入前期设计阶段时，设计人员可以利用BIM为相关人员展示现场施工的各种情况，保证后续的现场施工可以有序地开展。

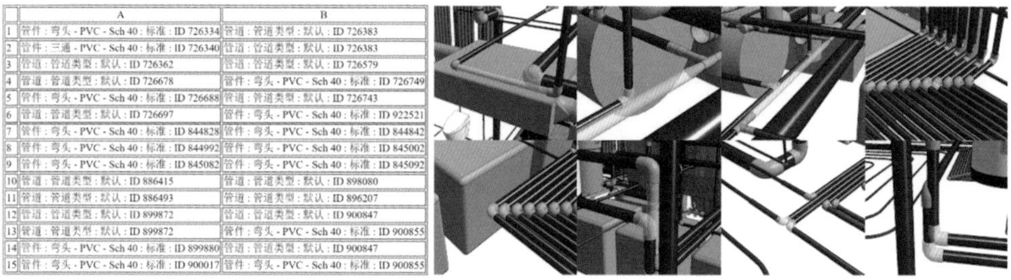

	A	B
1	管件：弯头 - PVC - Sch 40：标准：ID 726334	管道：管道类型：默认：ID 726383
2	管件：三通 - PVC - Sch 40：标准：ID 726340	管道：管道类型：默认：ID 726383
3	管道：管道类型：默认：ID 726362	管道：管道类型：默认：ID 726579
4	管道：管道类型：默认：ID 726678	管件：弯头 - PVC - Sch 40：标准：ID 726749
5	管件：弯头 - PVC - Sch 40：标准：ID 726688	管道：管道类型：默认：ID 726743
6	管道：管道类型：默认：ID 726697	管件：弯头 - PVC - Sch 40：标准：ID 922521
7	管件：弯头 - PVC - Sch 40：标准：ID 844828	管件：弯头 - PVC - Sch 40：标准：ID 844842
8	管件：弯头 - PVC - Sch 40：标准：ID 844992	管件：弯头 - PVC - Sch 40：标准：ID 845002
9	管件：弯头 - PVC - Sch 40：标准：ID 845082	管件：弯头 - PVC - Sch 40：标准：ID 845092
10	管道：管道类型：默认：ID 886415	管道：管道类型：默认：ID 898080
11	管道：管道类型：默认：ID 886493	管道：管道类型：默认：ID 896207
12	管道：管道类型：默认：ID 899872	管道：管道类型：默认：ID 900847
13	管道：管道类型：默认：ID 899872	管件：弯头 - PVC - Sch 40：标准：ID 900855
14	管件：弯头 - PVC - Sch 40：标准：ID 899880	管道：管道类型：默认：ID 900847
15	管件：弯头 - PVC - Sch 40：标准：ID 900017	管件：弯头 - PVC - Sch 40：标准：ID 900855

图 1–7　BIM 碰撞检查结果

图片来源：中国矿业大学建筑与设计学院FFT工作室

进度管理

传统的进度控制方法是基于二维CAD等系列软件，存在着展示效果差、协同情况弱，与相关人员沟通有障碍等问题，但通过BIM技术所建立的模型可以提升建筑的表现力，丰富信息量，不仅可以提升项目的设计品质，也可以节约设计人员的时间，使设计人员更综合地设计项目，以此减少施工团队因为设计失误造成的返工、误工等情况。

成本控制

以往的项目管理中，对于成本的管理存在着很多问题，比如建筑工程量计算复杂、市场上材料价格波动等，这些都会影响着各专业、项目各方之间的沟通，而BIM可包含完整建筑物在全阶段中的所有构件、材料等信息，因此在前期的设计阶段就可以进行采购工作，而且在全阶段都可以对人员、机械、材料进行规划，做好成本上的控制。

质量管理

传统项目的信息表达方式采用纸质存档，使各参与方信息的存储与交流较为不便，而且如果只能使用二维图纸传输建筑信息系统，则一方面图纸数量繁多，组织人员查找麻烦；另一方面二维图作为信息载体，如果缺乏直接理解，很可能影响建筑项目质量目标的达成。而BIM技术则通过模型展现，使工程项目三维可视化，能够将相关数据用三维模式呈现，减少由于数据错误产生的工程质量隐患。同时BIM技术为工程项目各参与者提供数据传递工具，使质量沟通更为简单，提高质量管理水平。

BIM技术可在建筑施工应用过程中与物联网等技术融合，如施工过程中用到的物料、构配件等质量信息，通过RIFD等传感器或二维码等，可对现场施工作业产品进行追踪、记录和分析，实现自动化、智能化，减少了人为干预造成的质量问题，增强了质量信息的可追溯性，明确质量责任。

变更和索赔管理

采用BIM技术能增加设计协同能力，对全阶段进行协调，将设计所涉及的变更内容加入在模型中，那么在协同过程中更容易发现问题，从而减少各专业之间的冲突。

即使在施工阶段发生设计上的变更，对BIM模型进行项目管理，可以实现对设计变更的有效管理和控制，减少相关方之间的信息传输和交互时间，从而保证索赔管理的时效。

安全管理

在实际项目中，安全问题大多出现在项目的前期设计阶段，而通过BIM模型的危害分析，可以给予安全设计的建议，对未能通过设计修改而产生的问题，在施工阶段进行安全控制。

使用BIM技术还能够进行建筑过程自动检查，并评价各建筑部位坠落的危险性，在开工之前提出安全施工方案，来避免建筑物安全事故，此外，还能够对建筑物的消防安全疏散情况做出模拟。

1.3　协同设计

1.3.1　协同设计的定义

协同设计本质上是一种解决任务的方法学，其是在协同理论基础上提出的，而协同理论起源于希腊语协同学，大意为"协同合作之学" [5]。在明确协同设计之前，就要了解协同的定义。

"协同"的定义是指协调两个或者两个以上的不同资源或者个体，协同一致地完成某一目标的过程或能力。而"协同设计"的定义指的是在一个项目中，通过完整的组织架构对其进行推进，项目的起始、过程及结束阶段的各类信息与资源，共享在同一个平台，可以随时被项目的组成成员查阅和修改，从而实现项目不同阶段与不同专业间的提资。可以说，协同设计代表着未来设计方式的发展方向。

1.3.2　协同设计的任务分解

协同设计中最起始、最基础的就是对任务进行分解，遵循固定的划分原则和划分方向，将工程项目分解为多个不同的分项目，并确定各分项目之间的关系，以便于不同的设计方进行协同设计。如果分解的分项目个数较少，那么分项目的复杂程度会较高，工作量会较大，不利于协同工作；如果分解的分项目过多，那么对分项目的控制和管理就会相对繁杂。所以对于任务的合理分解是协同设计的关键所在。

1.3.2.1　分解的原则

协同设计涉及繁杂的设计任务，任务与任务之间又存在着复杂的依赖关系，因此协同设计过程就是由不同的设计任务按照一定的次序组成的。对于复杂任务，通常是一系列有关联的子任务，其设计过程是以特定的顺序排列的。协同设计中的工作分解并非随机的，而是根据某种规律将其划分为多个子任务，建立各个子任务的相互关系，这是协同设计的先决条件，使复杂的问题简化，方便了设计者的协作。

协同设计任务分解应遵循以下原则：

合理性

将设计任务分解为子任务，并将其委托给设计者，使其尽可能地在设计者的能力范围内。同时，在分配任务的过程中也要考虑到，如果子任务数量过多或过少，都会增加对子任务的控制和管理的难度。要确保所有的任务都能按时完成，不能因为工作量的不平衡而导致整体任务的延误。

独立性

在建筑设计的各个环节中，各任务相互影响、相互制约，每个子任务之间存在着某种联系。为了降低设计者间的信息交流，分解的任务必须保持一定的独立性，降低子任务的相关性。

可控性

在完成设计任务之后，再由设计者进行子任务的设计，在这个过程中，管理者也要对其进行控制和管理，从而尽可能地实现子任务的控制和管理。

1.3.2.2　分解的方向

协同设计中任务分解按以下方向进行：

专业间方向

在建筑设计中，按照建筑的特性、各专业的工作能力和工作职责，将其划分到各个专业。

专业内方向

一个建筑的完成是由多个专业通力合作的结果，一个专业内又由不同的设计人员组成，应按照对建筑的具体设计任务进行划分，落实到具体设计人员。

设计流程方向

任务的设计具有先后次序，可以根据设计任务的先后顺序进行划分。

1.3.3　乡村统建住宅协同设计

乡村统建住宅的协同设计，要求在时间和各种资源的制约下，由不同的专业设计师、管理者通过交互、协作的方式来实现。

1.3.3.1　乡村统建住宅协同设计的定义

乡村统建住宅协同设计的定义可以根据协同设计的定义得出：乡村统建住宅协同设计是以协同学的理念为基础，将协同设计应用在乡村统建住宅设计中，各专业在乡村统建住宅中进行合作与协同，进而改善传统设计流程，解决传统线性设计流程中的冲突，提高乡村统建住宅设计效率的一门综合的集成设计方法学。

1.3.3.2　乡村统建住宅协同设计的可行性

随着对乡村住宅发展的关注，建筑业已经在采用协同设计的路径上进行了推进。在协同设计的发展中，它的出现促进了整个建筑业的流程优化与信息的有效整合管理，促进不同专业间的交流与协作，为设计更优更快的乡村统建住宅提供了机会，且具备以下优势：

1）优化设计流程

乡村统建住宅的设计与传统建筑设计的流程大致相同，需要建筑、结构等不同专业间进行合作，采用协同设计可以对传统设计流程进行优化与更新。

不同的设计任务从概念阶段到完成阶段的过程各有不同，在传统的建筑设计过程中通常将整个过程概括为：前期准备阶段、概念设计阶段、方案设计阶段、深化设计阶段、施工图阶段、建设阶段和后期维护运行阶段。乡村统建住宅的设计在不同的阶段都会产生重叠，一种设计技术可能在不同阶段与不同专业进行协同，故传统的建筑设计阶段并不能得到很好地运用，而采用协同设计可以解决此类问题，实现设计流程的优化，能够体现设计过程中不同的协同侧重点以及需要实现的不同目标。

2）提前消解冲突

在乡村统建住宅的设计过程中，专业内及专业间的设计交流存在着信息差，而采用协同设计在一定程度上可以改善设计过程中各专业合作的精度。传统的建筑设计因为不包括特定的目标，所以其流程一般是线性的。建筑师确定建筑物的朝向和形状，结构工程师负责设计和执行结构体系，机电工程师设计并选择适配的HVAC系统。这种线性设计过程的问题在于，与建筑设计有关的不可逆决策中可能很少考虑性能或结构，因而这种设计模式难免前后会有冲突。设计人员如果在设计初期引入协同设计的模式，可使不同专业的工程师都能及时获得协同反馈以保证各阶段的协同性，更有利于实现设计目标。

1.3.3.3　乡村统建住宅协同设计的特征

由于乡村统建住宅是多专业协作完成的项目，就需要将专业性、经济性、美观性等体现出来，这也体现在设计过程中。

由此，乡村统建住宅协同设计具有以下特征：

1）前置协同任务

在传统住宅设计中，是由建筑专业主导任务过程，在前期完成设计任务之后，再提资给其他专业进行深化，对专业间的交流不够重视，同时也缺乏与业主、政府之间的沟通。而在乡村统建住宅设计中，则需要重视使用者对住宅的看法。因而在设计全过程中，都要与村民进行深入的沟通，与不同专业进行专业的交流，多方面、全方位去考虑住宅设计的范围，这也就给设计提出了协同任务前置的要求，需要多个专业协同，建立科学的协同机制（图1-8）。

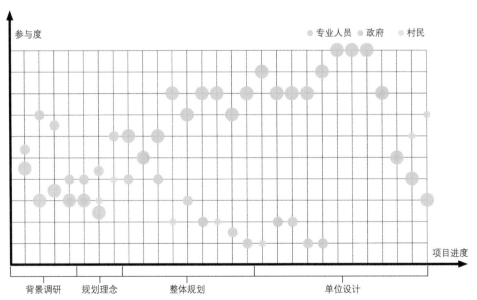

图 1-8　乡村统建住宅协同设计参与度

图片来源：姬昂绘制

2）信息传递效率高

因为乡村统建住宅的设计团队涉及建筑、结构、室内等不同专业，所以各专业会有着随之带来的繁杂数据。在传统住宅设计中，不同的专业只需要完成属于本专业的内容即可，但是这种模式下也会带来信息传递过程中的时间延后、信息错误、格式错误等相关问题。而采用协同设计的模式可以很大程度上提高传递的时效性、正确性（图1-9）。

图 1-9　信息交互效率对比
图片来源：姬昂绘制

3）设计流程合理

协同设计是对传统线性设计模式的优化升级，基于信息共享，不同专业的设计人员可以同时进行设计的不同环节。在设计初期就可以指定详细的协同设计流程，规范协同阶段和协同内容，因而在实际设计中就能对具体的设计内容进行合理规划。

参考文献

[1] 杜伟，黄敏. 关于乡村振兴战略背景下农村土地制度改革的思考[J].四川师范大学学报（社会科学版），2018，45（1）：12-16.

[2] 郭治安，谭叔明. 协同学及其在计算系统和社会系统中的应用[J].系统工程与电子技术，1989（7）：13-19，76.

[3] 伯纳德·鲁道夫斯基. 没有建筑师的建筑：简明非正统建筑导论[M]. 高军，译. 天津：天津大学出版社，2011.

[4] 惠杰. BIM技术在建筑设计阶段的应用[J].中国勘察设计，2021（5）：93-96.

[5] 李建军，户媛，马雪莲，等. 新农村建设中"民宅自建"与"民宅统建"的对比分析[J].规划师，2009，25（S1）：82-85.

2

基于 BIM 技术的乡村统建
住宅协同设计策略与技术

2.1   专业内的协同设计策略与技术

基于BIM的专业内协同主要考虑如何用三维协同方式共同完成一个设计任务。同专业团队内主要采用BIM中心文件协同方式，这种协同方式允许多个专业人员同时编辑同一个模型，适用于小型项目专业内的协同工作。在考虑项目的整体性后，根据具体的项目规模、复杂程度和专业人员的人数和专业度，可由专业负责人建立本专业的中心文件。在专业中心文件的基础上应为每位成员安排合理的工作范围并设置权限，避免工作交叉和遗漏。在进行专业内建模时，由于BIM具有可视化的特点，设计师可以较为直观地控制空间尺度和构件大小，若发现其他构件影响到自己的部分时，可以向该构件的设计人员提出修改请求，获取权限后可在同一个BIM模型上进行修改调整，能大大节约设计和沟通的时间。

在乡村统建住宅的整个设计过程中，除了需要用到各专业建模软件，还需要第三方能耗模拟和性能分析软件，在不同的设计阶段会涉及不同软件之间的转换与配合，因此，专业内的软件协同包括BIM设计软件间的协同、BIM设计软件与第三方设计应用软件间的协同、BIM设计软件与第三方能耗模拟软件间的协同。项目负责人应在项目启动时依据BIM软件特点和相互间的协同配合对后期应用做出梳理与规划，以便提高设计效率。

不同的专业内部，在乡村统建住宅的协同设计策略与技术方面，内容会有不同侧重点，见表2-1（仅以规划、建筑、结构三个专业为例）。

不同专业内部的侧重协同点 表 2-1

专业内需要重点解决的问题	规划专业	1.建立评价指标体系； 2.对资料和数据的收集、处理； 3.对多指标进行综合评价
	建筑专业	1.提取建筑与地理环境的要素信息，搭建村落建筑及周围环境的三维模型； 2.对不同组合形式的建筑元素进行分析； 3.对村落热环境数据的采集与分析； 4.通过科学方法对户型进行选择
	结构专业	基于BIM模型数据中构件的几何信息和属性，根据现有规范要求，提出村镇建筑的工程量自动化计算方法

表格来源：姬昂绘制

2.1.1 基于 GIS 的乡村统建住宅用地适宜性评价

2.1.1.1 评价指标体系

从资源环境约束性、社会经济发展基础适宜性两个维度构建乡村统建住宅用地适宜性评价指标体系，乡村统建住宅用地适宜性评价指标体系包括一级指标2个（资源环境约束性、社会经济发展基础适宜性），二级指标8个（人均后备适宜用地潜力、人均水资源开发利用潜力、环境胁迫度、灾害危险性、人口集聚水平、城镇建成区发展状态、经济综合发展水平、交通优势度）[1]。

乡村统建住宅用地适宜性评价以定量方法为主，以定性方法为辅，主要包括单指标评价、多指标综合评价等环节。开展单指标评价，基于单指标评价结果进行多指标综合评价，分析建设用地功能适宜性，与现状地表分区数据进行叠加分析，形成乡村统建住宅用地适宜性评价结果。

2.1.1.2 资料收集与处理

收集评价需要的资料，主要为基础地理信息数据、地理国情普查监测成果、多期土地利用现状数据、多期人口经济等统计数据、其他资料等。应保证数据资料的权威性、准确性、时效性。评价资料来源广、格式多，在使用前需进行资料数据年份、属性、内容等的检查，明确资料的使用方法和要求。对统计文本数据需进行数字化、量纲归一化或空间化插值处理等。对空间数据需进行格式转换、坐标转换、数据重构、数据提取处理等。对专题大数据需进行数量化、对象化及数据扩样、清洗、聚类、挖掘等处理。如基于地理国情普查监测成果中地表覆盖的不同种类房屋建筑数据建立回归方程，反演得到人口空间分布结果。当历史系列数据不连续、缺乏其中某些年份的数据时，可根据需要进行推导和插补，数据插补可采用比例法或数据内插法。若因行政区划调整等原因造成历史系列数据统计范围不一致时，应对历史数据进行范围校核，核准并统一到与评价范围相一致。空间数据平面坐标系需统一为CGCS2000国家大地坐标系，格式尽量统一为ArcGIS文件地理数据库或shp数据格式等。

2.1.1.3   数据处理

数据处理包括评价基础数据生产和现状地表分区数据编制。基础数据按要素类型分层存储。提取地理国情普查监测成果中地表覆盖、行政区划、水域、交通、区位点等要素数据，挂接各类属性信息。利用处理后的土地利用数据，提取、融合评价需要的多年份土地利用现状数据。按成果属性定义要求，整合、集成形成评价基础数据，确保数据内容完整，位置、属性信息正确，图斑拓扑关系合理，无压盖和空隙等。基于地表覆盖、土地利用等数据，融合形成现状地表分区数据。

2.1.1.4   多指标综合评价

分别开展土地资源、水资源、环境等资源环境约束性指标单项评价，以及人口、经济、城镇建成区、交通优势等社会经济发展基础适宜性指标单项评价（图2-1）。采取等权重对各指标的评价结果进行加权求和，并进行四等分处理，将多指标综合评价结果划分为"一级""二级""三级""四级"4个等级，得到多指标综合评价结果。结合空间开发负面清单、现状建成区及过渡区数据，根据空间开发负面清单中禁止开发、生态为主的过渡区开发适宜性降级等原则，划分评价乡村统建住宅用地适宜性为一等（最适宜）、二等（较适宜）、三等（较不适宜）、四等（不适宜）4个等级。

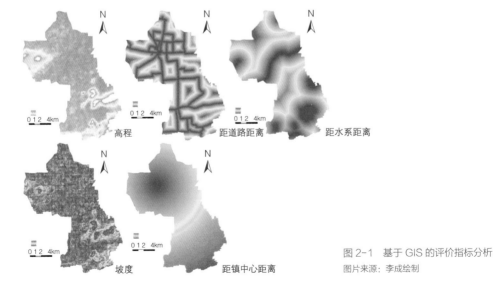

图 2-1   基于 GIS 的评价指标分析

图片来源：李成绘制

2.1.2 乡村住宅反馈式设计技术

2.1.2.1 三维模型的搭建与数据处理

为了搭建村落建筑及周围环境的三维模型，提取建筑与地理环境的要素信息，在调研过程中，利用无人机拍摄建筑布局，生成调研村落的三维影像（图2-2、图2-3）。

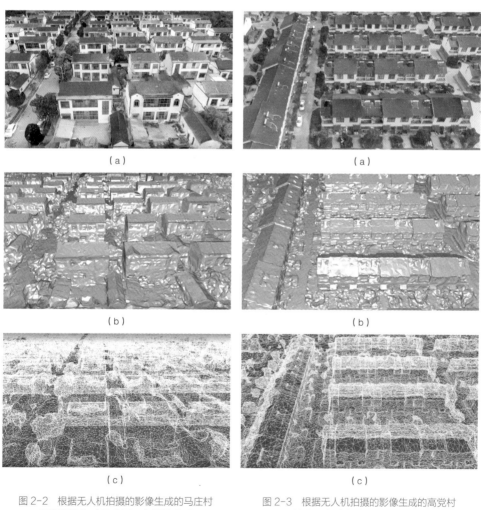

（a）　　　　　　　　　　　　　（a）

（b）　　　　　　　　　　　　　（b）

（c）　　　　　　　　　　　　　（c）

图 2-2　根据无人机拍摄的影像生成的马庄村
　　　　三维模型（a）（b）及三角网格（c）
　　　　图片来源：清华大学赵红蕊教授课题组绘制

图 2-3　根据无人机拍摄的影像生成的高党村
　　　　三维模型（a）（b）及三角网格（c）
　　　　图片来源：清华大学赵红蕊教授课题组绘制

搭建村落三维模型

为了验证无人机拍摄的影像质量,将拍摄得到的村落影像导入Altizure网站。通过验证,此次拍摄的影像能够顺利生成三维图像,生成三角网格及三维模型影像。但由于权限限制,影像只能做观察用,无法进行下载及使用。

为了能够使用与处理三维模型,根据无人机拍摄的影像,分别生成了高党村和马庄村的OBJ格式与OSGB格式的三维影像文件,并将高党村与马庄村的OBJ模型文件导入3ds Max 2020中进行合成,生成三维模型(图2-4、图2-5)。

图 2-4   在 3ds Max 2020 中合成的高党村三维模型

图片来源:李思瑶绘制

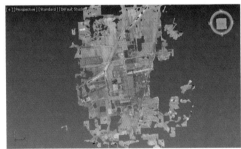

图 2-5   在 3ds Max 2020 中合成的马庄村三维模型

图片来源:李思瑶绘制

三维模型数据的处理

将OBJ文件(图2-6)通过3ds Max保存为ArcMap支持的3ds类型文件,基于ArcMap中

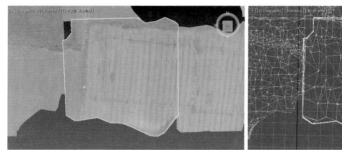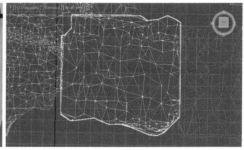

图 2-6　在 3ds Max 中表达的 OBJ 文件及三维网格（高党村）

图片来源：李思瑶绘制

图 2-7　于 ArcMap 生成的 Multipatch 文件

图片来源：李思瑶绘制

图 2-8　基于 ArcScene 进行三维表达的 Multipatch 文件

图片来源：李思瑶绘制

3D Analyst Tools模块下的Import 3D Files工具转换成Multipatch格式（图2-7），并导入ArcScene，实现三维展示（图2-8）。

2.1.2.2　村落户型图分析

为支持基于GIS/BIM的乡村住宅设计资源分类标准和构建服务于乡村住宅投资方、设计方和使用者的设计优化反馈与决策策略，团队通过对已有调研村庄马庄村屋舍的户型图绘制分析了该地区的具体规划现状。

团队共绘制了马庄村内部104户农宅的户型图，经分析总结（图2-9），104户农舍中共包含了4类户型，包括三合院、"L"形院、南北院和普通院。又进一步衍生出了18种变型。整体屋舍的建筑组合元素包括正房、南房、道房3种。正房根据建筑形体的不同分

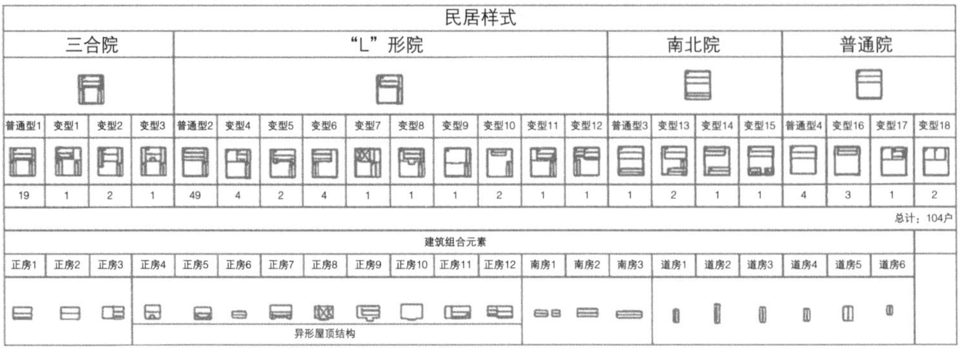

民居样式																				
三合院				"L"形院										南北院				普通院		
普通型1	变型1	变型2	变型3	普通型2	变型4	变型5	变型6	变型7	变型8	变型9	变型10	变型11	变型12	普通型3	变型13	变型14	变型15	普通型4	变型16	变型17	变型18
19	1	2	1	49	4	2	4	1	1	1	2	1	1	1	2	1	1	4	3	1	2

总计：104户

建筑组合元素																		
正房1	正房2	正房3	正房4	正房5	正房6	正房7	正房8	正房9	正房10	正房11	正房12	南房1	南房2	南房3	道房1	道房2	道房3	道房4	道房5	道房6

异形屋顶结构

图 2-9　马庄村户型图分析
图片来源：温玉央绘制

为12种，南房分为3种，道房分为6种。上述共计22种户型正是根据不同的建筑元素进行组合的。

目前的研究还着手于整个建筑的大体空间组成，已有对案例的分析为研究任务的顺利开展及未来村落建设实证分析提供了新的基础。下一步的工作计划将进一步梳理影响乡村住宅规划设计的指标。

2.1.2.3　住宅 BIM 设计流程

通过分析传统住宅项目的设计组织与管理方式、基于BIM的住宅项目设计流程关键因素，研究构建针对住宅项目设计流程的成熟度模型，分析探讨如何面向住宅全生命期、全产业链的设计流程进行准确判定，并明确其改进的方向和节点。

在项目设计阶段，BIM技术不仅是设计工具，还是设计方与业主、施工方、运营方、使用方的沟通和融合通道，在使用方多元化的住宅项目中更是如此。课题立足于住宅项目设计阶段的BIM技术应用，从项目管理的角度，研究了住宅设计流程关键因素，提出了BIM技术应用现状的住宅项目设计流程成熟度模型[2]。

2.1.3　户型相似度计算方法

2.1.3.1　户型属性相似度计算

标准户型相关的重要属性（如房间面积、房间数量、适用层高、适用地域等）均属于属性类型的一种，可根据实际需求采用不同方式计算相似度。课题根据调研，整理出房间数量、房间面积、总体尺寸、使用范围和既有项目信息等属性。对于在其他相似度计算中会重复考虑到的属性（如总面积），以及难以标准化且缺乏实际需求的属性（如项目名称、编号和企业），则不在属性相似度计算的考虑范围之内。

房间数量和面积采用余弦距离计算相似度，而其他标称属性距离采用一个匹配率计算相似度。无论是余弦距离还是匹配率，首先应将户型转换为向量。对于房间数量和面积而言，向量的维数等于两户型不同房间类型的总数；对于其他标称属性而言，向量的维数是属性的个数。设A和B是两个户型，则房间面积或数量的相似度（余弦相似度）有：

C是A和B中不同房间类型的集合，n是C的数量。

$L：n{\rightarrow}C$，$L(i)$是命名函数，将C中第i个房间命名为$L(i)$。

户型A转换为向量$x=(x_1, x_2, \cdots, x_i)$，$x_i=A$中类型为$L(i)$的房间的个数或面积。向量$y$的概念类似，从户型$B$转换而来。

$$\mathrm{sim}(A,B) = \frac{\boldsymbol{x}\cdot\boldsymbol{y}}{\|\boldsymbol{x}\|\|\boldsymbol{y}\|} \quad\quad (2-1)$$

而其他标称属性相似度（匹配率）有：

户型A转换为向量$x=(x_1, x_2, x_3, x_4)$，x_1是层数类型；x_2是气候区；x_3是梯户数；x_4是朝向。向量y的概念类似，从户型B转换而来。

$$same(i) = \begin{cases} 1, x_i = y_i \\ 0, x_i \neq y_i \end{cases} \qquad (2\text{-}2)$$

$$sim(A,B) = \frac{\sum_{i=1}^{4} same(i)}{4} \qquad (2\text{-}3)$$

易知,上述两个相似度均满足$0 \leqslant sim \leqslant 1$,且$sim(A,B) = sim(B,A)$。

2.1.3.2 户型拓扑相似度计算

课题提出了基于Langenhan等算法的标准户型拓扑相似度算法。建立决策树后,对于给定的户型A和B,其房间数量分别为m和n,可以通过下述方式判断其相似性:设$sim(A, B)$为户型的相似度度量;$sim(A, B, k)$为两户型对应的邻接矩阵的k阶子矩阵的相似度度量;$matck(A, B, k)$为两户型对应邻接矩阵的k阶子矩阵相似度计数,可以通过对应决策树之间k阶深度的匹配数量确定。即有:

$$sim(A,B,k) = \frac{2 \times match(A,B,k)}{match(A,A,k) + match(B,B,k)} \qquad (2\text{-}4)$$

$$sim(A,B) = \frac{\sum_{k=1}^{min(m,n)} sim(A,B,k)}{max(m,n)} = \frac{\sum_{k=1}^{min(m,n)} \frac{2 \times match(A,B,k)}{match(A,A,k) + match(B,B,k)}}{max(m,n)} \quad (2\text{-}5)$$

易知,$match(A, A, k)$等于矩阵A对应的决策树的k层深度的节点数。分析上式可知,户型B对户型A的相似度$sim(A, B)$和户型A对户型B的相似度$sim(B, A)$相等,即上述给出的相似度计算公式满足相等关系的对称性要求。同时,当户型A和户型B完全一样时,相似度为100%。图2-10给出了一个相邻拓扑相似度算例,图中给出了两个户型对应的拓扑图、邻接矩阵和决策树。

$$Sim(A,B) = \frac{1}{4} \times (\frac{2}{3} + \frac{3}{5} + \frac{1}{5}) = \frac{11}{30} \approx 36.67\%$$

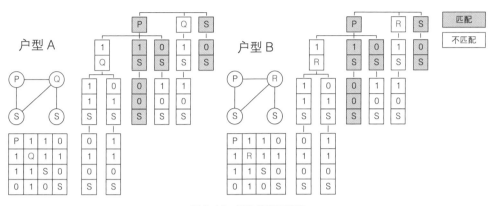

图 2-10　拓扑相似度算例

图片来源：何田丰绘制

2.1.3.3　户型形状相似度计算

标准层中户型的拼合方式是有限的。楼层的交通核是标准层的核心，入户门是标准户型与交通核联系的唯一方式。因此，两个户型平面的最大重合面积可以简化为当入户门位置重合时户型平面轮廓的重合面积的大小。当入户门重合时，分别以入户门所在墙和入户门处的垂线进行翻转，计算所有情况中最大的重合面积作为户型形状相似度的衡量依据。这里采用Jaccard系数计算户型间的相似度，即：

$$\mathrm{sim}(A, B) = \frac{\mathrm{Area}(S_A \bigcap S_B)}{\mathrm{Area}(S_A \bigcup S_B)} \qquad (2\text{-}6)$$

其中，$S_A \cap S_B$代表两个户型轮廓求交后所得形状（重合区域），$S_A \cup S_B$代表两个户型轮廓求并后所得形状。$S_A \cap S_B$和$S_A \cup S_B$的面积均可以通过其他算法计算。

2.1.3.4　综合相似度计算

给出一个综合相似度指标，综合考虑上述各类相似度时，通常最简单的方式是加权平均。然而，对于标准户型相似度而言，如何确定权值是一件相当困难的事情。这是因为不同的需求、不同的使用场景、不同的设计师倾向于将户型划分为不同的类型。因此，课题采用遗传算法确定综合相似度线性加权的权值。

通过综合相似度，线性组合上述独立相似度进行户型匹配查询。也可以采用本课题提出的基于遗传算法的综合相似度指标计算方式快速估计最佳的线性组合方案。此外，还可以将基于相似度计算的户型智能匹配与基于属性检索的方式结合起来获取户型替换方案。设计师确定替换户型后，经过调整即可形成新的标准层。

2.1.4　乡村建筑工程量自动化计算方法

乡村建筑的工程量自动化计算方法方面，本书基于BIM模型数据中构件的几何信息和属性，根据现有规范要求，提出了乡村建筑的工程量自动化计算方法，同时实现了工程算量信息的IFC扩展。

BIM模型中构建的实际几何体积与规范所给出的工程量计算规则所得出的工程量并不完全一致。为解决这一问题，本书基于BIM模型数据中构件的几何信息和属性，参照工程量计算的逻辑层级和三维实体布尔运算法则，提出了适用于乡村建筑的工程量自动化计算方法。这一方法根据现行规范所给出的分部分项工程与相应的计算规则，实现了乡村建筑中常见的分部工程与分项工程所涉及的工程量计算与统计。

当前BIM中工程量的统计方式与规范所规定的计算规则的区别主要存在于两方面：一方面，对于构件的计算长度与节点处的体积量归属问题，规范针对归属于不同分部分项工程的构件提供了不同的计算方法。而BIM模型中常出现计算长度不同、节点部分重复计算等问题。另一方面，规范为了简化计算，在计算规则中对部分影响较小的量进行忽略，如较小的孔洞等。这也导致了直接根据构件体积所形成的工程量与根据规范计算规则所产生的工程量有所区别。明确以上两点之后，可以通过基于规则的方法将规范方法转化为相应算法，完成对构件连接/节点部分的调整以及基于规范规则的工程量计算。图2-11展示了这一方法的总体流程，图2-12选取了数种构件连接/节点类型展示了正确的连接方式，图2-13则展示了工程量计算输出结果。

这一方法具有较高的自动化程度，同时，也满足《房屋建筑与装饰工程工程量计算规范》GB 50854—2013的要求，在村镇建筑成本预估层面展现了BIM技术的优势。

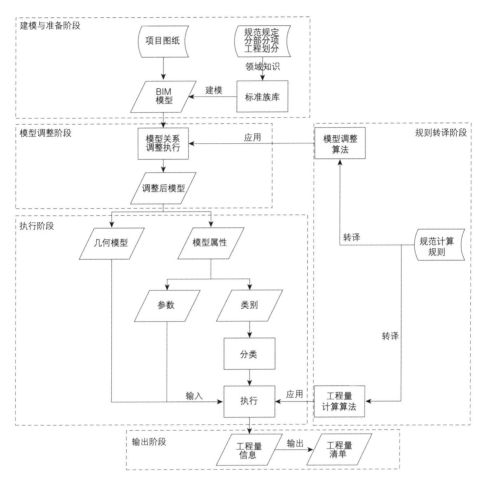

图 2-11 工程量计算流程

图片来源：张冰涵绘制

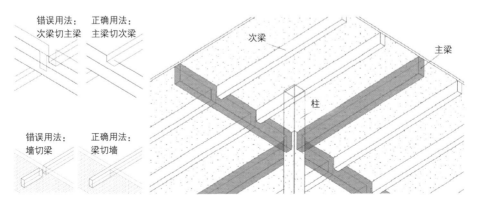

图 2-12 工程量计算——关系调整

图片来源：张冰涵绘制

ID为,220872 ,体积为, 1.21 m³
ID为,220874 ,体积为, 1.21 m³
ID为,220876 ,体积为, 1.21 m³
以上截面为,550 550
该截面柱的总量为,7.26 m³
矩形柱 010502001 总量是,19.10 m³

结果已经输出到安装文件夹中的result.csv中

关闭(C)

图 2-13　工程量计算输出结果
图片来源：张冰涵绘制

2.2　专业间的协同设计策略与技术

相较于传统的二维绘图、节点提资性的协同方式，基于BIM的协同是一种更高级的协同方式。各个专业基于统一的BIM模型、统一的数据资料、统一的设计标准，可以从不同的专业角度对同一个目标进行修改调整、细化和资料提取，可以有效地解决沟通不及时，专业间数据转换不充分，逆向修改难度高、成本高等问题。专业间的BIM协同要求每个专业都具有较高的三维设计能力，在实际的项目中可根据项目的大小来确定协同模式。比如项目较大、较复杂时，可以先建立各专业各自的中心文件，完成专业内部的协同，最后再将各个专业文件链接起来形成完整的项目模型。在整个设计阶段，协同可分为阶段性定时协同和连续协同。阶段性定时协同是阶段性的，一般在完成某个既定设计任务之后进行，便于整合不同区域或专业的设计。连续协同贯穿项目的每个时间段，要求实时发现并解决专业间的冲突，对协同能力要求较高。

乡村统建住宅的协同设计涉及建筑专业、结构专业、暖通空调专业、电气专业。在协同工作进行时，如果项目较小，由于建筑设计和结构设计、室内设计的联系较为紧密，可以考虑这三个专业共用一个BIM模型，在建筑专业建立BIM建筑模型的基础上进行结构建模和室内布置，专业间可以采用中心文件式进行协同。其他专业一般与建筑模型采取链接模式进行专业间协同。同时，在项目设计、建造与运营中，各个专业需要通过使用相应的软件系统对项目的各种信息数据进行统计、模拟、分析、显示等。通过项目各个专业间的协作，实现工程项目的最终目标。

在同一个乡村统建住宅的设计中，不同的专业间进行协同需要建立共同的标准、平台、模型，专业间协同内容见表2-2。

专业间协同内容　　　　　　　　　　　　　　　　　表 2-2

专业间需要重点解决的问题	协同标准	通过多方面的调研，对村落、住宅等进行信息的提取与处理之后，建立村镇住宅设计资源分类标准体系
	协同平台	选取数种主流BIM/GIS数据格式，作为BIM/GIS融合转换技术的研究对象
	协同模型	为奠定标准图集的坚实基础，对标准BIM图集进行库的建立

表格来源：姬昂绘制

2.2.1　村镇住宅设计资源分类标准体系

2.2.1.1　既有村落实地调研

为了收集乡村住宅功能空间布局、村庄规划现状等数据，为进一步开展乡村反馈式优化提供新思路，课题组对马庄村等进行了实地调研。

江苏省徐州市贾汪区潘安湖马庄村

2019年7月6~7日，课题组成员在徐州对马庄村进行了实地调研。在实地调研前，利用遥感图像观察调研目的地及其周边的环境，如图2-14所示。马庄村建设时间较早，村内房屋多为2层，单层层高超过3m。村内主要道路宽阔，林下空间充足，屋间道路略窄，存在大型车无法通过的问题，村内有宽阔的广场。

河南省三门峡市陕州地坑院

陕州地坑院位于河南省三门峡市陕州区张汴乡的陕塬。陕塬地处中纬度内陆区，冬季多受蒙古冷高压控制，气候干冷，雨雪稀少；春季气温回升，雨水增多；夏季炎热、雨涝；秋季气候凉爽，雨水减少。陕州区地势南高北低，东峻西坦，呈东南向西北倾斜状。陕塬为原川区，本区黄土层厚约20~70m，地面由南向北呈阶梯降落。海拔最低308m，最高为1466m，相对高差为1158m。陕州地坑院具有坚固耐用、冬暖夏凉、挡风隔声、防

图 2-14　马庄村与潘安湖湿地公园卫星航片	图 2-15　陕州地坑院
图片来源：天地图	图片来源：李思瑶摄制

震抗震的特点，冬季窑内温度在10℃以上，夏季保持在20℃左右，人们称它是"天然空调，恒温住宅"，如图2-15所示。

2.2.1.2　既有村落文献调研

四川省映秀镇二台山

为完成针对农村的设计反馈优化和决策策略集，课题组通过文献调研方式对案例进行了研究，为进一步开展乡村反馈式优化提供了新思路。四川省映秀镇❶二台山规划属于地震后的灾后重建项目，原本的村落风格为传统的羌族建造风格，灾后的重建规划使得该村传统的生产模式逐渐被"农家乐"的商旅模式所代替。

二台山的规划设计首先仍然以独门独户的建筑形式为主，方便开展"农家乐"的旅游模式；对于原有的羌族特色建筑形式（如"碉房""阪屋"与"邛笼"等）都予以保留。

规划以土地集约利用为基础，将4~5个户型联立为一体形成一个独立建筑，以大院落连接，同时以非行列布置布局住宅，在交通上延山势起伏灵活布局道路，结合地形考虑屋舍朝向等，建造台地布局屋舍。

---

❶　姚栋，苗壮.新农村住宅的传承，转变与创新——映秀镇二台山安居房规划和建筑设计的探索和思考[J].建筑学报，2011（9）：107-111.

四川省映秀镇二台山周边地形要素与建筑设计对应关系   表2-3

地形	道路沿山势起伏
院落	小宅院模式变为大宅院模式
道路	道路避免横平竖直，采用街坊式道路
朝向	通过地形考虑屋舍的朝向等，建造台地

表格来源：李思瑶绘制

在规划的过程中考虑到不同群体对于空间的需求，例如务农的人需要庭院、农机存放的空间；旅游服务者需要客房、餐厅、停车位；手工业者需要室内工作空间；本地商人需要店铺、货物储藏区、住宅区，以及前店后宅的模式等（表2-3）。

山东省荣成市东楮岛村（图2-16）

荣成市属暖温带季风型湿润气候区，年平均气温为12℃左右，受太平洋季风影响，荣成市夏季多狂风暴雨，冬季大量降雪，年平均降水量800mm左右，其中夏季降水量占全年

图2-16 东楮岛村卫星图
图片来源：图新地球

的59%。东楮岛村聚落呈荷花形，地势东高西低。全村住房布局大体分两部分：村南部为新建的红瓦房和楼房的住宅群，村北部为旧有的海草房住宅群。东楮岛村是荣成地区海草房保留最完整的村庄之一。据有关资料统计，全村现有海草房144户，共有海草房650间，建筑面积9065m²，为了适应当地的气候特点，海草房屋脊高耸，屋脊的建造左右倾斜为50°角，排水性好，冬季不积雪。石墙厚重，不仅可以抵御海风，而且可以耐受风雨的侵蚀，厚实的墙体冬季吸收光照，阻隔冷空气，起保温作用，夏季沿海地区特有的"海陆风"将热量带走，海草房冬暖夏凉的特性很好地适应了当地的气候[3]。

山东省临沂市常山庄村（图2-17）

常山庄村，地处鲁中山区东南部，东距黄海约90km，西接欧亚大陆。气候受海、陆影响较大，属温带季风区半湿润大陆性气候。常山庄村年平均降水量808.1mm，降水量多集中在夏季且变化很大，常会出现洪涝灾害。常山庄村的民居合院错落在狭小的山地空间内，平面布局不如平原式合院宽敞，但在居住功能上，这些合院满足了良好的使用功能

图2-17　常山庄村卫星图
图片来源：图新地球

和采光通风条件：房屋开间小、层高低，院落朝东南且随地形层层抬高，这种紧凑的空间处理手法同时起到了节约用地的作用。

山东省枣庄市兴隆庄村（图2-18）

兴隆庄村位于枣庄市山亭区东北部，这座有着数百年历史的小村庄是山东境内现存规模最大、保存最完整的石板房民居村落。兴隆庄村的房屋以薄石板为主要的建材，把石头和石板修成具有特色的石板房。石板房面积小而低矮，除了门窗、梁椽等用木料外，其余全部采用石料。

通过对既有村落的实地调研与文献调研，总结影响村落选址、布局及住宅设计的要素。传统村落的规划选址与建筑布局与当地的气候及地理条件紧密相关。传统住宅在选材上主要采取就地取材的方式，建筑形式适应当地的气候条件，如海草房、石板房、地坑院等。自然气候条件对住宅的设计影响较大。另外，在整体建筑布局上，地形是主要的影响因素，如二台山的建筑布局形式。

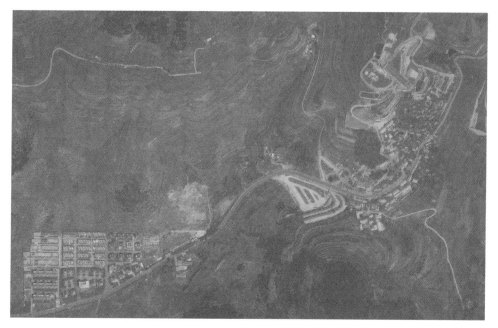

图2-18　兴隆庄村卫星图

图片来源：图新地球

在新建、改建或更加现代化的村落中，使用者对住宅空间的需求对农村住宅设计的影响作用更加多元化，如马庄村，作为兼顾旅游业的村落，村内住宅的利用空间既有满足自家存储、休闲需求的使用方式，也有面向游客的，具有经营性质的规划方式。高党村的规划则体现出了对土地的集约利用。

2.2.1.3　村落及住宅信息的提取与处理

乡村地表三维模型的搭建与数据处理

通过无人机拍摄生成三维模型是目前掌握地表现状、获取建筑三维影像的主要方法之一。无人机可以根据拍摄需求灵活划定拍摄范围，进行定向拍摄。课题组使用大疆无人机，结合大疆智图的建模方法，搭建村落建筑及周围环境的三维模型，为提取建筑与地理环境的要素信息提供数据基础（图2-19）。

此外，将村落的三维模型上传至GIS平台中，可以分析村落与周围环境之间的关系。

图 2-19　根据无人机拍摄的影像生成的马庄村（左）、高党村（中）及地坑院（右）的三维模型

图片来源：李思瑶绘制

村落住宅信息的提取与分析

为了研究现有村落中住宅的设计与布局规律，分析建筑特点与环境之间的关系，本书基于遥感影像、三维影像及既有文献，对村落内部的住宅布局进行提取与分析。

山东省荣成市东楮岛村

从村落的整体布局来看，东楮岛村四五栋民居连成一排，街道纵横交错，形成了以南北街道为主、东西街道为辅的"田"字形街道布局。根据文献综述，总结出三种东楮岛村的常见典型平面（图2-20）。东楮岛海草房院落多为两合院落或者单列房院。主要有正房三间无厢房、正房三间有厢房、正房四间有东厢房、正房四间有西厢房等类型。受地形的影响，民居庭院比较小。三合院由北侧的正房、东西两侧的厢房组成。

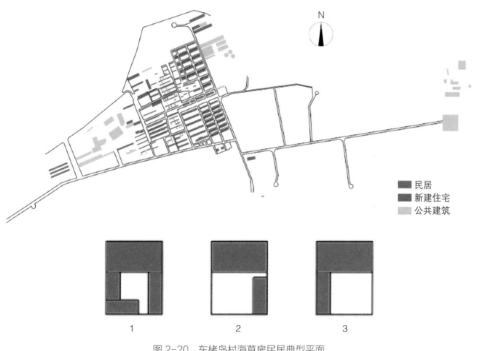

图 2-20　东楮岛村海草房民居典型平面
图片来源：张晋浩绘制

山东省临沂市常山庄村

从整体布局来看，村内的主要轴线是东西向延伸的主干路，居住建筑沿主干路分别向东西两座山延伸布置。民居建筑平面形式属于北方典型的四合院，主要布局类型有单进二合院、单进三合院和一合院，其中以单进二合院和单进三合院为主。

地表覆被数据的提取与分析

地表覆被数据是研究地表热环境的重要基础数据，以山东省东楮岛村为例，地表覆被提取过程及数据类型如下。首先，基于山东省村落的遥感影像，进行地表要素提取与土地覆被分类。应用CAD软件，导入山东省的遥感影像，通过目视解译的方法提取地表要素，将地表覆被分为农田、建筑物、传统住宅、新建住宅、空地、路网、林地、水体8类（图2-21）。

图 2-21　基于遥感影像的东楮岛村地表要素提取

图片来源：张晋浩绘制

结合前述村镇住宅设计资源分类标准体系大纲中的土地覆被分类表，运用ArcGIS Pro软件将相同类型的要素进行合并，并重新分类。以山东省东楮岛村为例，最终地表覆被被

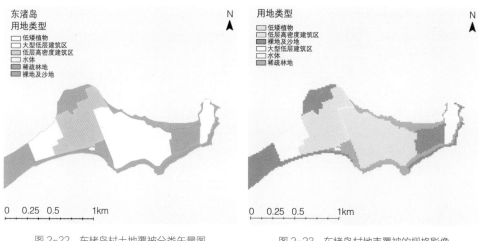

图 2-22 东楮岛村土地覆被分类矢量图
图片来源：李思瑶绘制

图 2-23 东楮岛村地表覆被的栅格影像
图片来源：李思瑶绘制

划分为低矮植物、水体、稀疏林地、裸地及沙地、大型低层建筑区及低层高密度建筑区6
类，生成村落及周围环境的土地覆被分类矢量图（图2-22）。

为了更好地研究村落及其周围环境的地表覆被与温度之间的关系，基于矢量图像生成地
表覆被的栅格影像（图2-23），以便于在同类数据下分析二者之间的关系。

除了上述地表覆被数据，地理要素数据还包括地形图，如数字高程数据、坡度数据、坡
向数据，矢量数据包括道路数据、水体数据等。下一步研究中，团队将各类地理要素数
据与温度数据及建筑信息数据进行分析，研究乡村住宅的反馈策略。

基于 BIM 与 GIS 的乡村住宅反馈式设计平台的框架搭建

该框架通过数据获取与数据分析，得出区域气候特征、地形地貌、地表覆被、家庭结构
及产业类型等因素对乡村住宅的影响，并生成对应的设计策略。BIM与GIS反馈平台将把
影响因素与反馈策略转换成数据信息，一一对应，生成数据库。平台整体基于GIS平台与
GIS数据，前端平台以要素输入与反馈信息输出的方式进行搭建，要素与策略信息的筛
选将在后台执行。最后结合BIM模型图库，具体策略、示意图的反馈式建议，形成BIM与
GIS反馈平台框架（图2-24）。

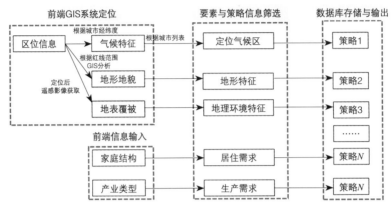

图 2-24　BIM 与 GIS 反馈平台框架

图片来源：李思瑶绘制

2.2.1.4　村镇住宅设计资源分类标准体系

我国尽管拥有着广袤的土地，但人均耕地面积较少。土地资源又进一步影响着人口分布、资源利用、空间布局、生活质量等多方面。农村地区由于规划设计粗放，并且居民点多、小、分散，土地资源浪费较为严重。我国已经逐渐将目光转向了村镇地区规划和住宅设计，开展村镇住宅布局、住宅单体、建筑形态的空间集约化设计方面的研究。

随着城乡一体化进程的推进，村镇居民的生活方式逐渐向现代生活转变。住宅居住空间逐渐重塑、丰富。原有的乡村住宅居住空间模式较为单一，以居住功能为主，村镇居民利用生活空间发挥了农资储存等功能。居住、起居、会客等生活功能往往由同一空间承担。产业模式的转型与生活水平的提升促进了村镇居民对生活品质提升的要求。

综上所述，乡村规划与住宅设计的影响因素多样，一方面需要考虑自然环境，如气候条件、地形条件等要素的影响，另一方面又要满足多样的使用需求，同时要注意资源的合理利用。

课题组基于既有村落的调研结果，初步总结出目前农村住宅设计中存在的问题以及影响乡村规划设计的因素。同时，对国内外建筑信息与土地覆被分类标准及编码体系进行调研，总结目前分类标准的优缺点与使用方法，形成适应村镇的住宅设计资源分类标准体系，最终形成包括建筑气候区划、乡村产业类型、土地覆被、地形、坡度坡向、村镇建筑类型、村镇住宅建筑空间、村镇住宅建筑构件8个分类表，并编制形成《村镇住宅设计资源分类标准体系》大纲[4]。

建筑气候区划分类表

为区分我国不同地区气候条件对建筑影响的差异性，明确各气候区的建筑基本要求，提供建筑气候参数，从总体上做到合理利用气候资源，防止气候对建筑的不利影响，我国在国家标准《建筑气候区化标准》GB 50178—1993中，依据地域气候，将我国划分为7个一级气候区和20个二级气候区，每类气候区都有明确的划定指标和辅助指标，并根据各气候区的特点，说明了对应气候区内的建筑的建造要求。我国国土辽阔，乡村布局分散，建筑气候区的划分对乡村住宅建设起到了基础又关键的指导作用。

乡村产业类型分类表

乡村产业类型划分依据：目前对乡村产业分类的主要研究聚焦于根据产业类型划分、根据空间类型划分等几个方面。段德罡等根据对文献的调研得出目前乡村类型划分的主要视角，包括经济视角（主要针对经济水平、经济结构和主导产业）、空间视角（主要包括地形、地貌等）、社会视角（包括社会关系等）。而根据产业类型的划分在目前乡村类型划分中较为主流[5]。根据对孙秀丽、唐建、段德罡等学者研究的调研，结合《乡村振兴战略规划（2018—2022年）》，在遵循唯一性、合理性、可扩充性、简单性、适用性、规范性等原则的前提下（大纲建筑分类体系研究），课题组将乡村产业类型分为两个层级。第一层级包括4大类，进而分为第二层级的19个小类。第一层级主要突出产业结构，第二层级表明具体主导产业类型。

土地覆被分类表

土地覆被不仅是研究自然基础与人类生存与发展关系的重要数据，也是研究气候、土壤、植被、生态系统等领域的重要参考因素。在乡村范围内，通过土地覆被数据既可以掌握乡村现有资源的分布与利用情况，还可以为合理规划乡村土地资源、分析环境要素提供参考，是村镇规划与住宅设计的重要参考因素。

地形分类表

我国地势整体西高东低，以青藏高原为最高，自西向东呈阶梯状分布，地形的变化对河流、局地气候等有着巨大的影响。中国地形划分主要依据海拔高程。

坡度坡向分类表

《城乡建设用地竖向规划规范》CJJ 83—2016第4章竖向与用地布局及建筑布置中，对不同类型的建筑用地及对应的适宜规划坡度进行了明确的划分，其中居住用地的自然坡度及规划坡度皆宜小于25%。坡向是影响日照时数及太阳辐射强度的重要因素，我国处于北半球，日总辐射南坡最多，其次是东南坡和西南坡，接下来是东坡、西坡、东北坡、西北坡，北坡最少。由于日照时数及太阳辐射的差异，向阳坡和背阳坡的温度差异也是明显的。坡向划分参考北半球太阳辐射情况，划分为9类。

村镇建筑类型分类表

按功能划分建筑类型的依据：研究通过结合《建筑工程设计信息模型分类标准》和Ominiclass将乡村建筑类型分为了16个一级目录和41个二级目录。《建筑工程设计信息模型分类标准》与Ominiclass主要是为城镇建筑服务的，该分类能够适用于乡村分类，对表内原有的建筑类型进行了一定的删减和增加，最终形成村镇建筑类型分类表。

村镇住宅建筑空间分类表

乡村空间类型的分类依据：通过对Ominiclass和《建筑工程设计信息模型分类标准》按功能划分空间的研究，结合《城镇住宅建设BIM的信息分类标准》，研究人员将乡村空间分为了3大类和23小类。大类分类结合了目前大量关于乡村空间的研究，概括为公共空间、生产空间和生活空间3类。小类空间通过对其他标准的梳理，使用专业术语在一级分类下形成二级分类。

村镇住宅建筑构件分类表

构件分类表划分依据：在《城镇住宅建设BIM的信息分类标准和编码体系》和Ominiclass的基础上，参考《村镇传统住宅设计规范》CECS 360—2013，形成了一级的8个条目和二级的47个条目。对现行城镇的建筑分类，研究人员进行了筛选，删减了不属于村镇住宅的条目。

2.2.2 基于 BIM/GIS 的乡村住宅设计建造平台技术

2.2.2.1 BIM/GIS 融合转换技术

常见 BIM/GIS 数据格式分析

课题首先选取了数种主流BIM/GIS数据格式，作为BIM/GIS融合转换技术的研究对象。其中，IFC作为建筑信息交换的通用标准，被选取为BIM数据的代表格式，而GIS数据则选取了CityGML、GeoJson、ShapeFile三种常见格式。此外，课题也对几何数据交换的泛用格式——3D Tiles 和OBJ格式进行研究，以支持BIM/GIS数据的融合集成。

不同数据格式在描述范围、几何信息定义方式与信息存储结构上均有所不同。经过对数据格式的深入研究，归纳出不同数据格式的特性，见表2-4。

不同数据格式特性对比　　　　　　　　　　　　　表 2-4

数据格式	描述范围	几何信息定义方式	几何信息存储结构	语义信息存储结构
IFC	单体建筑为主	构造实体/三角面片	存储于EXPRESS实体的属性中	
CityGML	单体建筑或建筑群	多边形面片	存储于XML的元素中	
GeoJson	建筑群为主	多边形面片	存储于Json的元素中	

数据格式	描述范围	几何信息定义方式	几何信息存储结构	语义信息存储结构
ShapeFile	建筑群为主	多边形面片	ShapeFile自定义的二进制结构	存储于dBase III表格中
3D Tiles	单体建筑或建筑群	三角面片	以二进制Json存储于文件体中	以Json存储于文件头中
OBJ	—	三角面片	Wavefront自定义的文本结构	很少涉及语义信息

表格来源：姬昂绘制

IFC格式：IFC格式是由Building SMART开发的建筑行业数据模型，目前已经成为国际通用的建筑信息交换标准。IFC文件基于EXPRESS语言组织，主要面向单体建筑设计，包含了建筑各个层次、全生命期的丰富信息。

CityGML格式：CityGML是由开放地理空间协会（OGC）设计的数据模型，用于存储城市中的三维建筑模型和地形地貌。CityGML基于XML组织信息。依据LOD不同，CityGML中的建筑信息可能十分简略，也可以较为详尽。

GeoJson格式：GeoJson是一种基于Json存储地理要素的数据格式，也可以用来交换乡村建筑数据。GeoJson通常用于组织大规模建筑群的数据，而每栋建筑的描述则较为简略。

ShapeFile格式：ShapeFile是美国环境系统研究所公司（ESRI）开发的数据格式，目前已经成为地理信息软件界的通用标准。ShapeFile实际上是一系列文件组合，包括矢量图形、图形索引与属性数据等，主要用于组织大规模建筑群数据。

3D Tiles格式：3D Tiles是用于传输大规模地理空间信息的数据标准，可以被课题采用的图形平台引擎——Cesium支持。依据显示规模不同，3D Tiles可组织单体建筑至大规模建筑群的多尺度数据。

OBJ格式：OBJ是由Wavefront公司开发的几何图形格式，由于其结构简单通用，被广泛应用于几何信息的存储与交换。

乡村住宅信息模型

为实现BIM/GIS信息融合，课题提出了乡村住宅信息模型。该模型综合考虑了不同数据格式的信息结构，并面向乡村住宅设计建造的实际需求设计。如图2-25所示，来自BIM/GIS的异构数据经数据转换后被集成在乡村住宅信息模型中，并上传至NoSQL数据库，最终通过数据接口提供给可视化模块及其他应用。

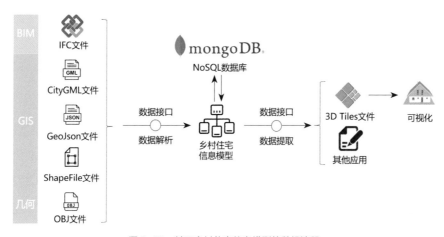

图 2-25　基于乡村住宅信息模型的数据流程

图片来源：姬昂绘制

信息模型由多个模块组成，整体架构如图2-26所示。不同模块对应于不同信息尺度，面向不同的乡村住宅设计与建造需求。对多尺度信息模型的定义将在下一节详述。

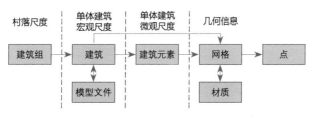

图 2-26　乡村住宅信息模型整体架构

图片来源：姬昂绘制

乡村住宅信息模型存储的主要信息如图2-27所示。

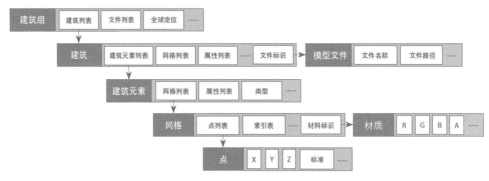

图 2-27   乡村住宅信息模型的属性定义

图片来源：姬昂绘制

建筑组（BuildingGroup）模块：该模块主要用于存储村落层级的信息，包括集成的建筑与文件列表，以及村落的全局定位。在其他模块中，几何信息将采用局部坐标系表示。

建筑（Building）模块：该模块主要存储单体建筑信息，包括几何信息和语义信息。若建筑信息的详细程度较高，则采用BuildingElement对几何信息分级存储，否则将直接采用Mesh存储几何信息。

模型文件（ModelFile）模块：该模块存储了上传文件的信息，用于支持模型文件的增、删、查、改操作。

建筑元素（BuildingElement）模块：该模块存储了建筑构件信息，包括构件的几何信息、语义信息以及构件类别信息。

网格（Mesh）模块：该模块以三角面片的形式存储了几何图形信息，数据的存储方式参照OBJ文件设计，包括顶点列表以及对应的顶点索引。详细程度较高的模型还会拥有材质属性。

材质（Material）模块：该模块定义了模型的材质信息，包括以RGBA格式定义的材质以及贴图纹理材质。

点（Point）模块：该模块存储了顶点坐标以及顶点法向量数组。

BIM/GIS 信息解析与映射

针对不同数据格式，课题设计了对应的解析转换方法，实现了BIM/GIS信息向乡村住宅信息模型的集成。

IFC文件的解析

课题采用开源BIM引擎xBIM完成对IFC文件的解析，得到IFC中定义的EXPRESS实体。依据IFC实体与建筑的对应关系，课题设计了实体向乡村住宅信息模型的映射方式，如图2-28所示。IFC以IfcRelDecomposes定义实体间的组成关系，依据此关系可实现IFC实体的分级遍历，并映射至信息模型。

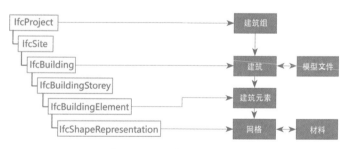

图 2-28　IFC 文件的信息映射

图片来源：冷烁绘制

CityGML文件的解析

课题自主开发程序，完成了对CityGML文件的解析，并实现了CityGML数据向信息模型的映射，如图2-29所示。CityGML以XML的格式组织信息，不同地理信息元素以XML标签区别。在对XML建立树结构后，可以根据对应的标签完成信息的解析与映射。

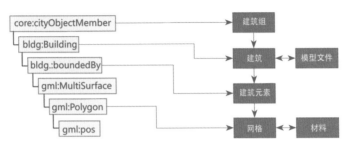

图 2-29　CityGML 文件的信息映射
图片来源: 冷烁绘制

GeoJson文件的解析

课题自主设计程序,实现对GeoJson文件的转换集成。GeoJson以Json的格式组织地理
信息,每一个顶级Json元素对应于一个地理信息实体,而几何信息和语义信息分别存储
于子元素中。GeoJson文件向信息模型的映射如图2-30所示。

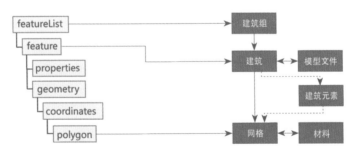

图 2-30　GeoJson 文件的信息映射
图片来源: 冷烁绘制

ShapeFile文件的解析

课题采用GDAL库对ShapeFile文件进行解析。ShapeFile由一系列文件组成,而GDAL
库可以将其一次性读入至内存中,并组织为树状结构。图2-31展示了由GDAL读取
ShapeFile后,内存数据向信息模型的映射方式。

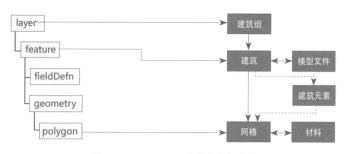

图 2-31 ShapeFile 文件的信息映射

图片来源：冷烁绘制

OBJ文件的解析集成

课题自主设计程序，实现对OBJ文件的解析。OBJ文件主要为交换几何信息设计，每一组顶点索引被映射为一个Mesh。而由于其包含的语义信息较少，BuildingGroup、Building和BuildingElement的划分需要人工指定。

3D Tiles文件的转换

在完成异源BIM/GIS信息的融合与集成后，课题开发了由乡村住宅信息模型向3D Tiles文件映射的方法。3D Tiles主要负责向前端可视化模块传递模型几何数据。3D Tiles文件由多个b3dm或i3dm文件组成，并使用tileset文件将其组织为树状格式。由信息模型向3D Tiles文件的转换方法如图2-32所示。

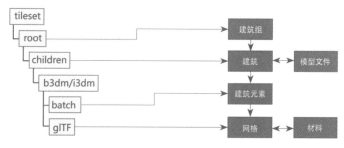

图 2-32 3D Tiles 文件的信息映射

图片来源：冷烁绘制

由3D Tiles可将建筑模型传递至可视化模块，实现乡村住宅的可视化。不同数据格式的可视化效果如图2-33所示。目前，可视化模块仅完成了原型的开发，如何实现轻量、高效、真实的可视化效果，则是后续工作的重要内容。

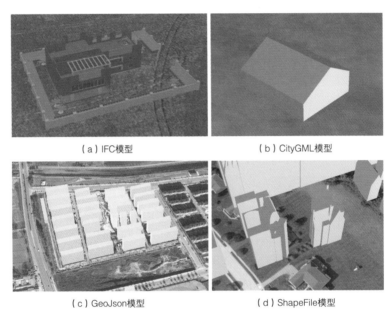

（a）IFC模型　　　　　　　　　　　（b）CityGML模型

（c）GeoJson模型　　　　　　　　　（d）ShapeFile模型

图 2-33　不同格式的乡村住宅模型

图片来源：冷烁绘制

几何信息转换集成

对不同格式的模型文件，其语义信息均以字典或表格的形式存储，无需转换便可实现集成。而不同文件的几何信息定义方式不同。课题提出的乡村住宅信息模型以三角面片形式存储几何信息，对其他格式的几何数据，需进行数据的转换与集成。

构造实体

IFC文件可以采用构造实体表示建筑几何。课题采用的xBIM工具实现了由构造实体向三角面片转换的功能。在使用xBIM解析IFC文件时，可自动得到三角面片形式的几何数据，实现信息集成。

二维多边形面片

多种GIS数据格式采用多边形面片定义几何信息。对LOD较低的模型，其建筑仅拥有以二维多边形表示的底面轮廓。课题设计了基于二维多边形生成三维建筑模型的算法，如图2-34所示。其中，三角面片化的步骤采用Poly2Tri工具完成，该工具本质是对Ear Clipping算法的实现。

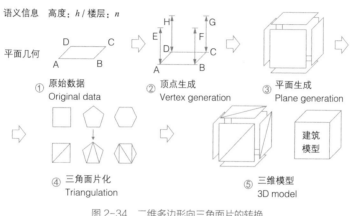

图 2-34　二维多边形向三角面片的转换

图片来源：冷烁绘制

三维多边形面片

对LOD较高的模型，其建筑以三维多边形面片的形式表示。课题仍然调用Poly2Tri工具，实现对多边形的三角面片化。此处，由于Poly2Tri仅实现了二维空间的计算，因此需要将三维面片投影至二维平面，在完成三角面片化后，经反投影得到三维空间的三角面片。

空间坐标转换

除几何体的定义方式不同外，不同数据格式的空间坐标定义也不尽相同。IFC文件多采用以米为单位的局部坐标系，而GeoJson统一采用WGS84全局坐标系，ShapeFile和CityGML则可采用多种坐标投影系统。乡村住宅信息模型以局部坐标系存储几何信息，并采用模型中心点的经纬度定义其全局位置。为实现不同坐标系的统一，课题采用坐标转换工具Proj4，将不同空间坐标系统一转换为WGS84坐标系，随后，按式2-7~式2-9实现WGS84坐标系向局部坐标系映射。

$$X= (111412.84\cos\varphi-93.5\cos 3\varphi+0.118\cos 5\varphi) \cdot \theta \qquad （2-7）$$

$$Y= (111132.92-559.82\cos 2\varphi+1.175\cos 4\varphi-0.0023\cos 6\varphi) \cdot \varphi \qquad （2-8）$$

$$\theta = Lon_1-Lon_0 \quad \varphi =Lat_1-Lat_0 \qquad （2-9）$$

其中，（Lon_0，Lat_0）为模型中心点坐标，（Lon_1，Lat_1）为待转换点坐标。

2.2.2.2　多尺度信息模型的建立

多尺度信息定义

面向乡村住宅不同尺度的可视化和信息应用需求，课题建立了基于BIM/GIS的乡村住宅多尺度信息模型。依据空间尺度不同，模型被划分为村落尺度、单体建筑宏观尺度和单体建筑微观尺度三个层级。

村落尺度

村落尺度面向乡村建筑群设计，适用于在村落尺度查看建筑群情况。如图2-35所示，村落尺度的信息模型仅保留建筑的简要几何信息，建筑的位置、朝向以及区域信息将是该尺度主要存储的信息。村落尺度信息模型将服务于村落选址、建筑选址、道路规划、景观设计等应用。

单体建筑宏观尺度

单体建筑宏观尺度面向单体建筑设计，适用于查看单体乡村住宅外部情况。如图2-36所示，该尺度的信息模型将保留建筑外表面构件的详细信息以及建筑所在局部的地形地貌信息。而建筑内部信息将被过滤，以提升数据传输和可视化效率。单体建筑宏观尺度模型主要服务于建筑外形设计、日照分析等应用。

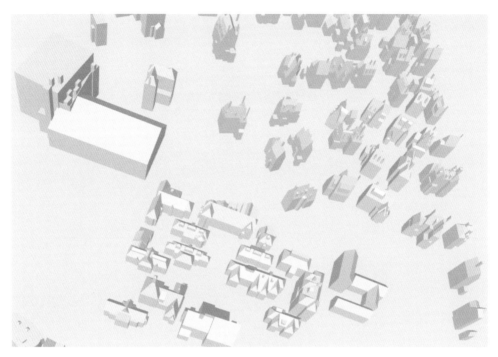

图 2-35　村落尺度模型示例

图片来源：冷烁绘制

单体建筑微观尺度

单体建筑微观尺度面向单体建筑设计，适用于查看住宅内部情况。如图2-37所示，在微观尺度下，信息模型将保留建筑物全部构件，但周边区域与地形信息将被过滤。单体建筑微观尺度模型主要服务于室内装修、结构设计、空间布局优化等应用。

图 2-36　单体建筑宏观尺度模型示例

图片来源：冷烁绘制

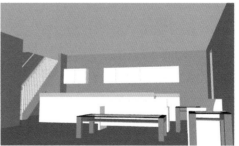

图 2-37　单体建筑微观尺度模型示例

图片来源：冷烁绘制

依据CityGML的LOD标准，课题为不同尺度的信息模型定义了对应的信息层级，见表2-5。

多尺度信息模型的信息层级　　　　　　　　　　　　　　表 2-5

信息尺度	LOD	信息定义
村落尺度	LOD0	区域信息与地貌信息
	LOD1	建筑位置与高度信息
	LOD2	建筑外表面的几何信息
单体建筑宏观尺度	LOD3	包含建筑外表面构件的详细模型
单体建筑微观尺度	LOD4	包含建筑全部构件的详细模型

表格来源：冷烁绘制

多尺度模型实现

课题在乡村住宅信息模型的Building模块中，建立了对应的多尺度层级，如图2-38所示。在LOD1和LOD2层级下，模型将整栋建筑视为一个几何体，仅存储其几何信息，而在LOD3与LOD4层级下，则存储对应的建筑构件信息。在调用不同尺度的信息模型时，分别在Building中提取对应LOD的数据即可。

图 2-38　多 LOD 信息层级的建立

图片来源：冷烁绘制

不同BIM/GIS文件对应的信息详细程度也有所不同，见表2-6。IFC文件包含建筑的详细信息；而GeoJson和ShapeFile一般仅定义建筑的简要几何信息；CityGML依据信息尺度不同，可定义各个信息层级的数据。在完成文件解析后，不同数据分别被映射至乡村住宅信息模型的不同LOD层级中。在后续工作中，课题还计划开展乡村住宅模型的轻量化工作，实现由高LOD层级模型向低LOD层级模型的转换，从而完成多尺度模型体系的建立。

不同 BIM/GIS 文件对应的信息层级　　　　　　　　表 2-6

尺度	LOD	IFC	CityGML	GeoJson	ShapeFile
村落尺度	LOD0		√	√	√
	LOD1		√	√	√
	LOD2		√		
单体建筑宏观尺度	LOD3		√		
单体建筑微观尺度	LOD4	√	√		

表格来源：冷烁绘制

2.2.2.3　大范围地形快速重建技术

在乡村住宅规划区域数据获取方面，课题拟定了以无人机影像为主、GPS定位及高分辨率遥感影像为辅助的乡村区域地理数据采集方案，以及以多视图三维重建技术为核心的大范围快速重建方案。多视图三维重建技术也是快速便捷获取大范围空间信息的重要手段。针对现有多视图三维重建算法中特征点匹配效率低、错误多的问题，课题通过引入尺度和距离比值约束，改进了摄影测量中特征点提取和匹配的效率和准确性。同时，课题详细分析了影响传统光束法平差计算效率和精度的因素，将同名点可视长度引入特征点匹配过程中，根据长度不同赋予不同匹配权重，有效优化了光线夹角较小的特征点匹配问题，从而提升了光束法平差计算效率和精度。课题还针对无人机影像设计了影像序列优化方案，有效提升了地形三维重建效率。

加权优化特征匹配技术

针对传统摄影测量算法中特征点匹配效率低、错误多的问题，课题通过引入尺度约束，改进了摄影测量中特征点提取和匹配的环节。从高斯差分金字塔中提取的SIFT特征，在 x、y、σ 三个维度离散分布。使用向量的空间距离进行匹配，仅利用图像坐标 x、y 邻域内的方向信息，而没有利用尺度信息。合理引入尺度信息应当能够提高特征匹配的效率和准确性。

选择传统SIFT算法提取图2-39所示两幅实验航空影像特征点，观察提取的特征点尺度因子分布情况，结果如图2-40所示。尺度因子的分布范围为[0.71，170.80]，但中位数仅为1.26，说明大尺度特征点数量更少、分布更离散（图2-40为便于展示特征点数量较少的统计区间，纵轴采用对数坐标度量，但刻度值仍标记绝对数量）。从高斯金字塔的角度看，大尺度特征对应于金字塔顶层的降采样程度高的图像。顶层图像的尺寸更小，提取特征数量也更少，但是特征蕴含了宏观图像信息，不易出现小尺度特征点常见的相似干扰。此外，大尺度特征在图像全局分布更加均匀，可以避免局部高频采样导致的基础矩阵过拟合问题。

图 2-39　两幅实验航空影像原图

图片来源：清华大学赵红蕊教授课题组无人机影像

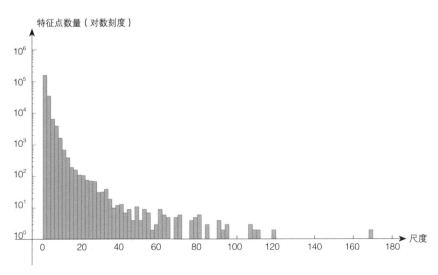

图 2-40　SIFT 特征点尺度因子分布情况

图片来源：谭琪凡绘制

因此，如果将RANSAC的采样范围缩小至大尺度特征点，或可提高样本集的内点比率，有效缩减循环采样次数，同时减小抽样随机性对结果的影响，计算准确稳定的基础矩阵。这种利用尺度因子优化匹配算法的本质是加权处理。传统特征匹配算法中各组匹配点是等权重计算的，因此必须通过无差别随机抽样寻找内点集。而课题的尺度因子为大尺度特征点赋予更高的计算权重，优先循环抽样从而快速得到结果。

为了验证加权处理算法的合理性，课题对初始匹配得到的3567对特征点，按照尺度由大到小的顺序排列。在全体特征点集上根据传统RANSAC方法计算基础矩阵F，其中外点率保守取值为$p = 0.5$，内点阈值保守取值为4像素。从最大尺度的特征点开始分组，每100对匹配点为一组，共分为36组。依次计算各组点到极线的平均垂直距离$d\perp$，绘制曲线图如图2-41所示。由图可知，随着特征点尺度增大，各组平均距离波动增加。应用曼-肯德尔检验法预测序列数据趋势，在95%的置信水平上证明距离随尺度增加呈上升趋势，尺度因子加权方案是合理的。

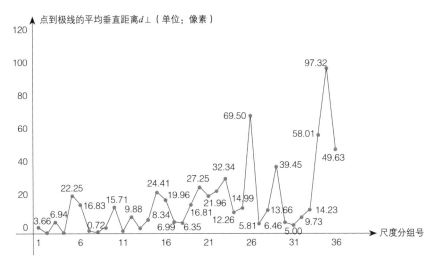

图2-41 对极几何误差与特征点尺度的关系图

图片来源：谭琪凡绘制

根据SIFT特征提取和匹配的过程，还发现另一个潜在的加权处理标准，就是初始匹配时最近邻特征与次近邻特征的距离比值，为表述方便将比值记为r（$r<1$）。SIFT描述向量反映了特征点邻域像素梯度的方向分布情况，特征点距离邻近说明邻域的梯度分布近似，

即r反映了最近邻特征与次近邻特征的近似程度差异。r越小，说明最近邻特征与待匹配特征的近似性越突出，存在错误匹配的概率也越低。因此，同样可以根据r由小到大的顺序排列初始匹配特征点，选择r较小的特征点对应快速计算基础矩阵F。

为验证合理性，仿照尺度因子开展可行性实验。根据r的排序对全体特征点分组，计算各组匹配点到极线的平均垂直距离$d\perp$，作图2-42所示的曲线图，并经过曼-肯德尔检验法验证，证明距离比值与特征点匹配具备强相关性。随着距离比值r不断减小，特征点更不容易出现混淆，点到极线的平均垂直距离保持低位稳定，非常适合作为加权因素。

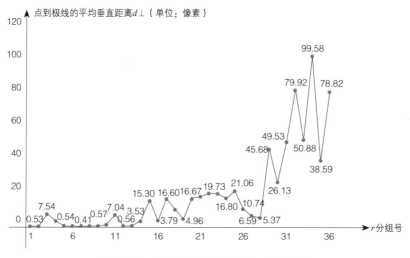

图 2-42   对极几何误差与距离比值 r 的关系图

图片来源：谭琪凡绘制

在循环抽样之前，可根据尺度因子和距离比值两个影响因素加权初始匹配特征点。在实际操作中，考虑到两个因素与特征匹配的相关性不同，为距离比值赋予更高的排序权重，并综合两个因素得到整体加权排序结果。实验结果证明，仅使用综合排序前10%的特征点，就能够计算准确率满足要求的基础矩阵。

缩小抽样范围一定程度上缓解了RANSAC随机性过强的问题，保证抽样结果的相对稳定。图2-41和图2-42的实验结果也已经证明，选择排序靠前的点能够规避大量混淆特征，使循环抽样过程着重于择优而非勘误。

此外，循环抽样次数的有效设定有赖于精确预设的外点率p。如果预设p值低于实际外点率，可能因抽样次数不足无法得到最优结果；反之，如果预设p值过高，又将导致抽样次数大幅增加，增加无效的时间消耗。实验证明，利用综合排序前10%的特征点求解基础矩阵，计算全体点集到对应极线的垂直距离，同样可以预测相对准确的p值。解决传统RANSAC算法外点率p依靠经验预设的不足，而仅增加亚秒级的时间消耗。

总结前文，加权优化方法的主要步骤可归纳为：

初始特征匹配时，记录特征点的尺度因子σ，以及最近邻特征与次近邻特征的距离比值r。按照σ由大到小和r由小到大分别排序初始匹配的特征点对，并根据因素相关性确定综合排序，完成定权过程。

选择权重排序前10%的特征点对，采用最小二乘法计算基础矩阵F。

根据F求解全体特征点到对应极线的平均垂直距离$d\perp$，设定内点判别经验阈值（建议2~10个像素），粗略估计外点率p。

由外点率p和显著性水平ε计算所需抽样次数，代入RANSAC循环抽样过程。抽样范围固定为权重排序前10%的特征点对。在所有抽样结果中，计算内点数目最多的一组结果，视为最终内点集。

光束法平差算法优化技术

光束法平差是摄影测量数据处理的经典算法，后被引入计算机视觉领域并得到发展，成为三维重建优化误差的通用方法。其命名来源于线性相机模型，投影光线是一条连接相机光心、投影点和空间点的光束。在理想模型中，各点的投影光束交会于相机光心，而各相机的投影光束交会于空间点。光束法平差以单幅视图为处理单元，同时优化相机投影矩阵P和物方空间点X，其本质就是在优化光束。

回归数学角度，光束法平差的本质是非线性优化问题，其目标函数是所有同名点的重投影误差平方和：

$$\min \sum_{i,j} \mathrm{d}(\widehat{P}^i \widehat{X}_j, x_j^i)^2 \qquad （2-10）$$

式2-10表明，估计的重投影点$\widehat{P}^i\widehat{X}_j$与实际投影点$x_j^i$距离的平方和最小，其中$x_j^i$表示第$i$幅影像上第$j$个点的投影坐标。

假设光束法平差需要处理m个视图和n个投影点，各视图的内参数矩阵K已经标定，仍有旋转矩阵$R3\times3$和平移矩阵$T3\times1$共6个自由度。为便于线性优化旋转矩阵R，课题采用单位四元数表征坐标系旋转，因此m个视图共需优化$7m$个参数，而n个点的三维坐标需要优化$3n$个参数，问题转化为$7m+3n$个参数的非线性优化问题。假设各视图的内参数矩阵K也需标定，那么需要优化的参数数量更多。这导致光束法平差所用的Levenberg Marquardt优化算法计算量极大，且需要足够精确的初始值才能实现全局最优。

为减少计算消耗，主流方法利用相机和空间点的可视关系形成的稀疏Jacobi矩阵，将优化问题的计算复杂度由O（$n3$）减少为O（n）。此外，也有方法提出交替优化相机和空间点，但可能导致收敛变慢。课题尝试利用序列优化和同名点的特性，减少光束法平差的参数m和n，加速优化过程。

首先考虑两视图重建的光束法平差方案。假设不同特征点的坐标提取误差基本一致，特征点重投影误差主要取决于解算空间坐标X的过程。X是基于投影矩阵$P1$、$P2$计算的投影光束的交点。而直线相交的误差与直线间夹角相关，当两条直线接近垂直时交点误差最小，接近平行时交点误差最大。相机位置和姿态的微小变化，对于光束夹角较小的空间点重投影误差影响更大。因此，光束法平差在保证全局优化的基础上，应着重处理光线夹角较小的特征点。但光线夹角与相机的位置、姿态和空间点深度均有关，其计算相对复杂。

为了规避光线夹角计算问题同时加速优化过程，课题对特征点分块处理。将矩形图像按照宽度和高度，等分为4×4共16个部分，每部分抽取其中的若干特征点，如图2-43所

✳ 提取特征点　　——— 区域等分线

图 2-43　特征点分块抽样示意图
图片来源：谭琪凡绘制

示。通常情况下，同一区域的特征点具有相似的光线夹角，可以通过抽样近似区域全局结果。

另外，鉴于特征点匹配难免存在误差，过度优化误匹配点可能导致投影矩阵失真。根据点特征加权优化算法，抽样优先选择加权综合排序较高的匹配点对，仅通过光束法平差优化抽样特征点。这样既保证样本点的匹配准确性，又尽可能覆盖不同畸变水平和光束夹角的特征点。广泛实验证明，样本的重投影误差能够代表全体特征点的平均水平。

接着讨论三视图（及多视图）重建的光束法平差算法。在每次加入新视图时，均能够利用极线交点判定邻近三视图匹配点的正确性，并推广至多视图匹配情况。特征点在多视图中匹配成功的次数越多，可以认为其匹配准确度越高，多余观测能够提高平差的效果和可信度。同时，多视图匹配点关联更多的相机投影矩阵，更有助于各相机坐标系联合平差。因此，特征点出现的视图越多，其在光束法平差过程中发挥的作用越大。

为表述方便，定义同名点出现的视图数量为特征点可视长度。可视长度为不同的特征点匹配赋予权重，体现各点在平差中的重要性。按照可视长度倒序排列，多视图光束法平差中应当优先抽样可视长度较长的点。

如图2-44所示，光束法平差中常构造稀疏矩阵表征特征点在不同视图中的可视性。图中各列代表不同的视图，各行代表不同的特征点，若具有可视关系则在矩阵中标为蓝色（程序语言定义为逻辑值真或假）。抽样过程以每个视图为单位，比较当前视图可见的所有特征点的可视长度，并优先抽样可视长度最大的若干特征点。不过，同样可能出现样本均位于序列一侧的极端情况（如图2-44中第五视图的样本均为序列后向），背离多视图联合平差的初衷。

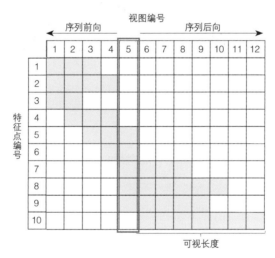

图 2-44　可视长度抽样方案
图片来源：谭琪凡绘制

为防止极端情况出现，课题在序列前后分别根据可视长度倒序抽样。特征点可能同时归入两集合，故取两集合的并集作为最终样本参与光束法平差。

最后考虑多视图三维重建的整体流程。抽样方法固然减少了优化参数的数量，但视图数量较多时，整体计算量依然庞大。每次增加视图平差处理的方案消耗都巨大，不适合处理视图较多的场景。参考Schonberger等人的研究，仅当视图数量每增加全体视图的20%时，进行全局光束法平差；而增加单张新视图时，仅进行局部三视图平差。

此外，由于匹配错误或光线夹角病态等情况，平差之后部分特征点重投影误差仍然较大。课题选择20像素的重投影误差阈值，将平差后误差仍大于阈值的点视为错误匹配剔除。并在剔除离群点后，再次抽样参与光束法平差，在更优的同名点集合中拟合成像结构。

综上，光束法平差综合优化算法内容如下：

两视图匹配时根据尺度和距离比值综合排序特征。将图像等分为16个分区，各分区分别抽取排序靠前的若干特征点，参与两视图光束法平差。根据平差结果计算全体特征点的重投影误差，剔除外点后再次抽样平差。

加入新视图后，判断视图累计增加数量是否达到全体视图的20%。若否，则仅进行局部平差，按照第1步平差邻近两视图。之后平差邻近三视图，根据特征点可视长度抽样平差，剔除外点后再次平差。

若视图累计增加数量达到全体视图的20%，则进行全局光束法平差，仍以特征点可视长度为标准抽样平差。根据平差结果剔除外点并再次平差。

无人机影像序列优化技术

增量法三维重建最基础的问题是如何确定增量顺序。通用方法是根据匹配关系和基线长度确定两视图，之后根据匹配和重建效果依次确定增量视图。此类方案固然能够得到最优的视图序列，但需计算图像之间的两两匹配，计算消耗巨大。而且其中隐含着输入图像完全无序的假设。

课题以建筑物规划设计为应用场景，以无人机俯拍图像为主要输入数据。无人机采集图像时按照固定航道飞行，间隔固定时间拍摄，其采集影像已经具备良好的初始序列，通常是在相邻影像之间存在最适相似度。针对类似无人机影像包含初始排序的图像集，利用原始序列能够有效提高通用方法的定序效率。特别是当视图总数较大时，可将全体影像分组，分别对邻近的影像确定序列。各组图像分别定序并重建后，再通过光束法平差融合各组三维点云。

针对分组内部的定序过程，初始最相邻影像未必代表最优的序列结果。在实际影像重建过程中，重叠度较高的影像对也可能存在大量外点，或因为基线过短导致模型病态。因此，不能完全依赖原始拍摄序列，仍需在初步排序基础上优化。

在特征点的加权优化匹配算法中，外点率是反映两视图匹配效果和时间消耗的重要参数。外点率越低，说明两视图特征匹配的比例越高，RANSAC循环抽样的次数越少；同时基础矩阵计算更准确，重投影误差也更小。值得说明的是，基线过短时，基础矩阵元素趋近于0，易造成计算误差增大使外点率偏高，因此，外点率也能部分反映基线过短的情况。故此处选择外点率筛选适合匹配的图像序列。

首先对分组内的 n 张影像两两匹配。为提高计算效率，再次引入特征尺度和距离比值。视图之间仅匹配大尺度特征点，根据距离比阈值判定匹配比例。选取 C_n^2 个计算结果中匹配比例最高的 k 组详细计算外点率。课题选择前100个大尺度特征点集合初步计算外点率，单次匹配的时间消耗仅为10.4秒。

最优的 k 组匹配采用第3章的加权方案计算，利用尺度和距离比值排序匹配结果，基于综合排序前10%的点计算外点率。最终选择外点率最低的一组匹配作为初始两视图，并限制外点率绝对值不大于0.5。

之后课题设计了一种序列生长的方式。基于两视图扩展影像序列，且每次均从序列边缘扩展影像。假设初始两视图编号为 i 和 j（且 $i < j$），多视图序列生长算法流程如图2-45所示。

算法详细步骤如下：

确定序列生长边缘 $i_0 = i$ 和 $j_0 = j$。从 C_n^2 个快速匹配结果中，分别选择与第 i_0 幅影像和第 j_0 幅

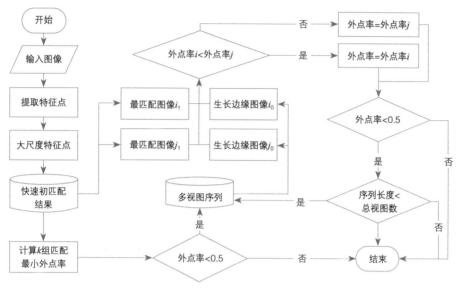

图2-45　无人机影像序列生长算法流程图
图片来源：谭琪凡绘制

影像初匹配数量最多的两幅影像，编号为i_1和j_1（可能$i_1 = j_1$）。计算i_0与i_1、j_0与j_1的匹配外点率，选择外点率更低且绝对数值小于0.5的一组视图，将i_1或j_1加入初始两视图序列，完成第一次序列生长。

假设第一次序列生长选择扩展第i_1幅影像，更新序列生长边缘$i_0 = i_1$。从剩余快速匹配结果中，继续选择第i_0幅影像和第j_0幅影像的最佳初始匹配，对比外点率后完成第二次序列生长。反之，假设第一次生长选择扩展第j_1幅影像，更新图像生长边缘$j_0 = j_1$，之后同样从最佳初始匹配中选择影像生长。

仿照第2步的方式不断扩展多视图序列，直至该分组中n幅影像全部进入序列，或两幅待生长影像的匹配外点率均大于0.5。

有时因初始视图选择不当，序列生长停止时仍有大量图像未加入序列。此时，从剩余图像中重新选择两视图扩展新序列，之后人工选择两序列之间相似度较高的视图，若通过外点率验证则合并序列。不断合并序列直至仅剩余少量视图。

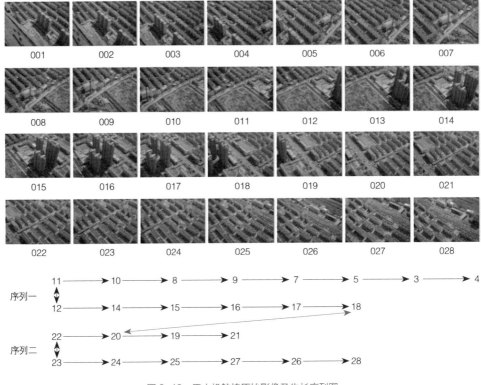

图 2-46　无人机航拍原始影像及生长序列图

图片来源：谭琪凡绘制

选择一组共28张无人机航拍影像进行排序，原始影像及最终排序结果如图2-46所示。

如图2-46所示，依据C_{28}^2个快速匹配结果，选择第11和第12张影像为初始两视图，并扩展为序列一。之后从剩余影像中，选择第22和第23张影像为初始两视图，并扩展为序列二。最终仅剩余4张影像未使用，停止序列生长。借助人工交互，选择连接第18张影像和第20张影像，生成最终多视图重建序列。

两序列分别重构相机投影矩阵和三维点云。之后匹配第18张和第20张影像，通过局部两视图光束法平差，统一两个序列的世界坐标系，合并三维点云。最后进行全体光束法平差，确保空间坐标和投影矩阵对于多视图整体保持最优。

2.2.3　基于 IFC 的标准图集 BIM 模型架构设计

2.2.3.1　乡村住宅标准 BIM 图集库的建立

通过网络搜索、文献查阅等手段，收集整理了乡村CAD或图片版本住宅标准图集共785套，涉及12个省/直辖市/自治区，覆盖3类气候区、3类地形、4种材料，其中江苏、陕西两省图集包括针对更细行政区划的图集。在此基础上，研究精选并建立了标准BIM图集模型100余套，并梳理了户型大小、功能特征、成本造价等参数[6]，如图2-47所示，为推动标准图集统一开放共享奠定了坚实基础。

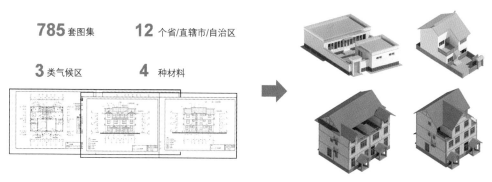

图 2-47　乡村标准 BIM 图集库示意

图片来源：宋盛禹绘制

根据所收集户型的特点，总结出表2-7所示的分类依据。

乡村住宅标准 BIM 图集分类依据　　　　　　表 2-7

分类依据	细分类别
按人数	一人户、二人户、三人户、四人户、五人户等
按体量	小户型、中户型、大户型等（按面积区分）
按地区	北方户型、南方户型等，可按省划分，另外可考虑气候因素
按风格/民族	汉族户型、苗族户型、傣族户型、侗族户型、土家族户型等
按地形	平地户型、斜坡户型、地下户型等

表格来源：宋盛禹绘制

课题首先研究对比了IFC的三种扩展机制，从扩展能力、实现难度、适用场景等方面分析了三者的优劣。

2.2.3.2　基于 IfcProxy 实体的扩展机制

基于IfcProxy实体的扩展机制是利用IfcProxy实体对实体描述进行扩展。IfcProxy实体处于IFC模型的核心层，是一个可实例化的实体类型。通过实例化该实体，并结合属性集和可选的几何信息描述实现自定义类型的信息交换。IfcProxy继承于IfcProduct，增加了ProxyType和Tag属性。其中ProxyType属性为IfcObjectTypeEnum枚举类型，用于标识IfcProxy实体所代表的主体实体类型，包括PRODUCT、PROCESS、CONTROL、RESOURCE、ACTOR、GROUP、PROJECT及NOTDEFINED。当ProxyType属性为PRODUCT时表示建筑产品，其实例可以定义几何数据。当ProxyType属性为PROCESS、CONTROL、RESOURCE、ACTOR、GROUP、PROJECT时，分别表示过程、控制、资源、人、组、项目等概念。IfcProxy实例通过上述信息描述与集成机制实现对信息的表达。

2.2.3.3　通过增加实体定义的扩展机制

通过增加实体定义的扩展机制与基于IfcProxy实体的扩展机制不同，该机制的实现超出了原有IFC模型框架，是对IFC模型本身定义的更新，一般IFC标准的每一次版本升级便采用该方式[7]。考虑该方式对IFC版本兼容性带来的影响，课题研究过程中未采用该方式进行IFC扩展。

2.2.3.4　基于属性集的扩展机制

属性集，顾名思义是属性的集合，对事物及概念的描述可以通过一条条属性存放于属性集中。属性集提供了一种扩展信息描述的灵活方式。属性集按照定义方式的不同，分为静态属性集和动态属性集[8]。静态属性集以IFC实体的方式定义，其属性以IfcSchema的方式静态地定义在属性集中，例如IfcDoorLiningProperties、IfcDoorPanelProperties、

IfcSoundProperties。动态属性集以IfcPropertySet实体表示[9]。IfcPropertySet是一个装载属性的容器，具体的属性则由IfcProperty表示。动态属性集分为预定义属性集和自定义属性集。IFC规范中定义的动态属性集为预定义属性集，属性集的名字以"Pset_"为前缀。而用户根据自身需求定义的动态属性集为自定义属性集。

其中，基于IfcProxy实体的扩展机制主要适用于传递有关标准未定义的三维实体，但传递属性能力较弱；而基于属性集的扩展机制支持自定义丰富的属性信息，但仅能丰富已有实体的语义信息，无法扩充新实体；通过增加实体定义的扩展机制可以同时支持扩充新实体和实体属性，但相比前面两种需对IFC标准进行大的改动，同时也会需要有关IFC接口扩充功能，成本太高，往往在IFC标准版本升级时使用。

在此基础上，基于属性集扩展的方式初步建立了如图2-48所示的标准图集BIM模型架构。架构包括实体几何信息、空间组成与分解信息、属性集信息、材料信息以及拓扑关联信息等方面。有关研究为统一全国乡村住宅图集的BIM数据标准奠定了基础，对后续标准BIM图集存储、查询等研究以及开放式乡村住宅图集共享具有重要价值。

构件组成与空间组成

构件与空间均继承自抽象类IfcProduct。其中门、窗、家具、墙、楼板和其他构件均继承自IfcBuildingElement。除上述实体外，对于不存在实际物理隔绝的虚拟房间分割，一般

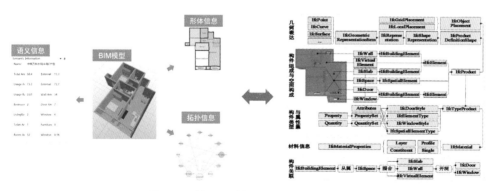

图 2-48 基于 IFC 的标准图集 BIM 模型架构

图片来源：何田丰绘制

通过IfcVirutalElement表达。房间继承自空间实体IfcSpatialElement。每个实体在IFC模型中均以实例的形式存在，并拥有全局唯一的标识GUID。

构件关联

在IFC中，构件和空间之间的关联大多通过关联关系实体表达，而关联关系实体中的具体属性则指向对应构件，对应构件中则包含反向属性指向该关联关系实体。在规划设计中，最重要的构件关联是构件与空间之间的从属关系、空间与构件之间的围合关系以及构件与构件之间的附着/开洞关系。构件与空间之间的从属关系通过IfcRelContainedInSpatialStructure关联关系实体表达；空间与构件之间的围合关系通过IfcRelSpaceBoundarys关联关系实体表达；构件与构件之间的附着/开洞关系则通过IfcRelVoidsElement关联关系实体和IfcOpeniningElement实体共同表达。

材料信息

构件的材料信息可以通过与IfcElement或IfcElementType相关联的IfcRelAssociatesMaterial关联关系实体表达。与该关联实体相关的IfcMaterial是材料信息的实际载体，其属性可通过与其关联的IfcMeterialProperties属性实体查询。

构件类型与属性集

构件的属性信息存储在类属性（Attributes）以及实体关联的属性集或数量集中。前者通过实例直接表达，后者则可通过关联关系实体IfcRelDefinesByProperties表达。属性集和数量集还可继续由子级的属性项、数量项、属性集和数量集组成。

几何表达

构件和空间的几何表达分为两部分，一部分是其形状和尺寸信息，另一部分是其所在位置信息。形状和尺寸信息由IfcProduct定义的Representation属性表达。该属性依次指向

IfcShapeRepresentation类、IfcRepresentation类和IfcRepresentationItem类，进而通过其子类IfcPoint、IfcCurve、IfcSurface等表达。IFC支持CSG和B-rep两种三维实体表达方式，均可通过前述方法表达其形状及尺寸信息。构件和空间的位置信息则由IfcProduct定义的ObjectPlacement属性表达，该属性指向一个ObjectPlacement基类，实际则通过该基类的子类IfcGridPlacement和IfcLocalPlacement表达。

2.2.3.5　乡村住宅 BIM 数据标准化研究

在乡村住宅BIM数据标准化方法方面，不仅对需要开发的各种功能所需基本数据的格式和类型进行了规定，同时也确定了各项研究任务的基本流程和方法（图2-49）。

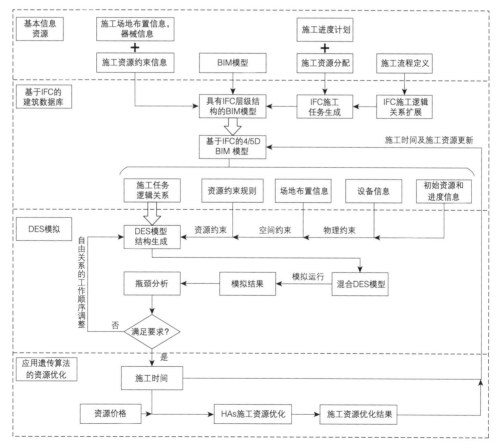

图 2-49　数据框架和基本流程

图片来源：刘伯达绘制

在该数据框架中,采用了IFC(Information Foundation Class)标准作为通用数据交换标准,在BIM模型的基础上对施工任务及其逻辑关系、场地布置、资源条件和设备信息进行了描述。确定了基于IFC的施工任务、施工进度和施工资源的数据格式,并扩展了施工任务之间的逻辑关系以指导构建施工过程的离散化仿真模型。

研究了IFC在施工场地布置上的表达方法,利用IFC有关实体分别定义了场地布置的各要素信息,实现了IFC在场地布置信息上的扩展。然后通过相应的数据交互技术将施工任务及其逻辑关系、施工进度、施工资源和场地布置等各类信息整合到构建好的IFC数据结构中,完成BIM数据库的构建。

截至目前,针对施工过程的IFC拓展机制的研究已经取得了相应成果,已经通过IFC拓展实现了施工信息与BIM的整合,为虚拟建造的各项功能提供了信息来源和数据基础。图2-50展示了针对任务的施工阶段IFC信息扩展。图2-51则展示了建造过程的任务与IFC文件之间的关系,通过这种以任务为中心的方式可以成功地将施工信息整合进BIM模型中,实现BIM作为信息核心的价值。

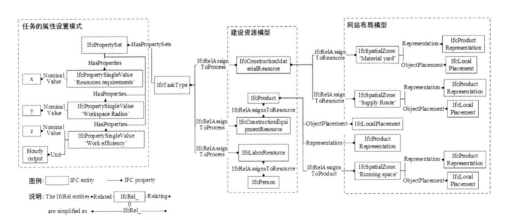

图 2-50   施工阶段 IFC 信息拓展

图片来源:刘伯达绘制

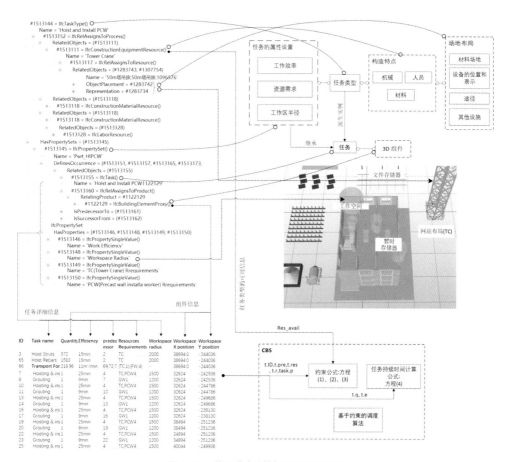

图 2-51　施工进度编排与 IFC 文件关系
图片来源：刘伯达绘制

2.3　专业与非专业间的协同设计策略与技术

由于BIM模型的三维属性，专业工程师们利用Revit建模软件完成概念模型、模型深化后的各个阶段，政府、村民和其他相关人员均可在BIM平台上以只读模式进行资料阅读并提出修改意见；基于BIM的协同工作模式使各个相关方都能全程参与项目，为乡村统建住宅的"专业统建+乡村自建"模式奠定基础。当地主管部门和村民们可根据需要在不同时间段、在专业统建允许的范围内参与进项目，进行自主建设，同时全程可获得专业指导。

运用基于BIM/GIS平台的多专业云协同设计技术，既可以满足乡村大规模建设的需要，也可以满足村民对乡村住宅的个性化需求，可以有效提升乡村住宅的设计效率，节省设计阶段的时间和资金投入。

在专业与非专业间的乡村统建住宅协同设计部分，对于信息要进行轻量化处理以便传输；专业对于非专业所提供的需求要进行实现；专业与非专业间的协同内容见表2-8。

专业与非专业间协同内容 表 2-8

专业与非专业间需要重点解决的问题	数据传输	实现乡村住宅设计与建造场景的流畅浏览，使得各参与方交流与衔接更为流畅
	需求交互	为乡村居民实现需求匹配，建立多维度的自建住宅需求信息知识图谱，生成乡村居民多维需求实例并将之向量化
	成果展示	围绕乡村住宅集体统建设计、建造过程，分析乡村住宅设计、建造、管理各相关方的互动、协作特点，建立可视化、网络化、交互式的乡村住宅协同设计模式，实现村民、设计师、监管等多方参与及协作

表格来源：姬昂绘制

2.3.1　BIM 模型轻量化与高效传输技术

2.3.1.1　多尺度轻量化算法框架

为实现乡村住宅设计与建造场景的流畅浏览，课题基于此前开发的乡村住宅多尺度信息模型，在不同尺度下分别设计了轻量化算法。如图2-52所示，研究将乡村住宅场景划分为区域尺度、单体建筑外环境尺度与单体建筑内环境尺度三个尺度，并在不同尺度下分别生成轻量化的BIM模型。对不同尺度下模型的主要特征介绍如下：

区域尺度：用于浏览村落整体的规划、设计方案。在该尺度下，建筑的位置、朝向与轮廓是其主要特征，而其构造细节可以被加以简化。

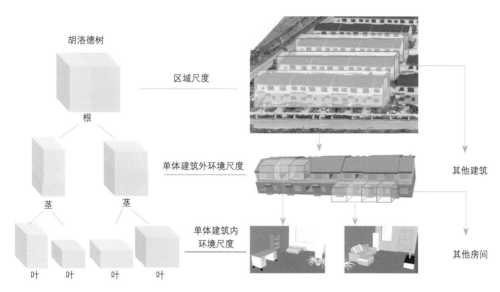

图 2-52　多尺度的 BIM 模型轻量化策略

图片来源：冷烁绘制

单体建筑外环境尺度：用于查看建筑外部设计结果。在该尺度下，建筑的外部构造是其主要特征，而内部构造可以被简化。

单体建筑内环境尺度：用于查看建筑内部的设计结果。在该尺度下，建筑的内部细节是其主要特征，而外部环境可以被简化。

在生成不同尺度的轻量化模型后，研究采用细节层级（Level of Details，LOD）技术实现轻量化模型的融合浏览。如图2-52所示，不同尺度的轻量化模型被组织在一棵LOD树中，树中节点是否加载将由观察者视角距离建筑模型的远近决定。在浏览村落级的场景[10]，即视角距建筑模型较远时，LOD树的根节点，也就是区域尺度的轻量化模型被加载。随着视角向建筑靠近，区域尺度的模型被替换为单体建筑外环境尺度模型，以显示建筑的外表面细节。当视角进入建筑物内部，单体建筑内环境尺度的模型将被加载，展示建筑内部的设计信息。通过上述结构，可以在保留乡村住宅主要特征的同时，尽可能简化不必要的几何细节，从而实现乡村住宅的轻量化浏览。

2.3.1.2　单体建筑内环境的轻量化算法

在单体建筑内环境尺度下，建筑模型需要保留其内部的完整细节，如内部装潢、家具布置和空间规划等。由于此尺度下的关注重点在建筑物内部，因此，建筑周边的几何特征，如周边的建筑物和环境等，可以被首先过滤。

在此基础上，研究提出了单体建筑内环境尺度的轻量化算法。该算法的基本思想是，建筑内部的构件存在相互遮挡。例如，当观察视角位于某一房间内时，除该房间的构件外，其他房间的构件将被墙遮挡。因此，其他房间的构件此时便不必被加载，从而减小平台需要渲染的几何模型大小。

具体地，算法采用八叉树实现对建筑模型空间的组织。如图2-53所示，八叉树均匀地将模型空间划分为八个子空间，根据需要，每个子空间还可进一步划分，直到子空间的体积与房间尺寸相当。每个子空间节点记录了在其内部的建筑构件。所有子空间均预设了加载距离，即当观察视角与子空间的距离小于一定值时，空间节点所包含的构件才被加载。如图2-54所示，通过控制加载距离，仅有视角附近的建筑构件会被加载，而远离视

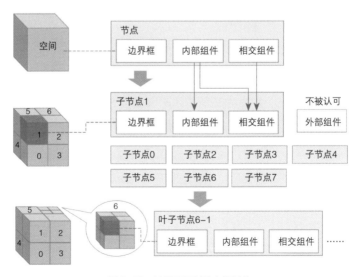

图 2-53　基于八叉树的空间划分

图片来源：冷烁绘制

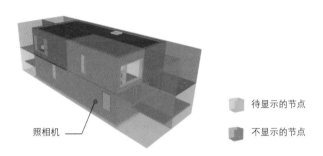

图 2-54　单体建筑内环境的轻量化
图片来源：冷烁绘制

角的模型将被隐藏。由于这些构件原本也将被遮挡，因此，实际上的显示效果将不会变化，从而在保证建筑内部细节的同时，降低所需渲染的模型体积。

2.3.1.3　单体建筑外环境的轻量化算法

在单体建筑外环境尺度下，模型的外部几何特征是人们关注的重点。此外，建筑周边环境也将被显示，用于评估建筑设计与周边环境的协调情况。该尺度下轻量化算法的主要思想是，大部分建筑的内部构件将被建筑的外部构造，如外墙、门窗与屋面等遮挡。因此，这些内部构件可以被剔除，以减小模型体积。

单体建筑外环境的轻量化算法仍采用八叉树组织空间，但每个节点将被加以标记。如图2-55所示，标记分为空（Empty）、边界（Boundary）和内部（Internal）三种。空节点指位于建筑物外围，且不包含任何构件的节点；边界节点至少包含一个建筑构件，且其外部不存在非空节点；内部节点为位于边界节点内部的节点。

对每个节点，算法从上、下、左、右、前、后六个方向对节点进行标记。例如，从右向左的标记方法如图2-55所示。当节点内部没有构件且其右侧不存在节点时，该节点将被标记为空节点。依照此条规则，图2-55右侧的1号节点被标记为空节点。同理，图中的2、3、4号节点分别被标记为边界节点、内部节点和内部节点。在所有节点被标记完成后，仅有边界节点需要被保留，其他节点内部的构件可以被过滤，从而在维持模型外观的同时，过滤建筑的内部构件，以减小模型大小。

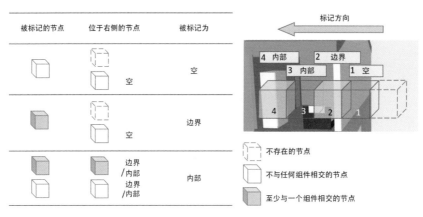

图 2-55　空间节点的标注方法
图片来源：冷烁绘制

2.3.1.4　区域尺度的轻量化算法

在区域尺度下，建筑的位置、朝向与尺寸将是其主要特征，而建筑的轮廓则可以被大幅简化，以适应村落场景下大规模的建筑模型可视化需求。区域尺度的轻量化算法首先将建筑构件根据类别进行过滤，仅保留墙、柱、板、屋顶、门、窗等可以体现建筑几何特征的构件。对门把手、窗檐条等次要几何体，算法采用其外接盒代替其原本形状。其他附属构件，如栏杆、扶手等，则将被过滤。

随后，研究采用边折叠算法，对模型文件的体积进行进一步压缩。边折叠算法是一种几何元素删除算法。在每次迭代中，算法将寻找对删除后模型影响最小的一条边，并将其删除。其中，研究采用改进的QEM衡量删除边对几何模型的影响。对模型的任一顶点 V_i，其改进的QEM可以按下式计算：

$$Q^{'(V_i)} = \lambda_i \cdot \sum_{p \epsilon planes(V_i)} K_p \qquad (2\text{-}11)$$

其中，K_p 被称为QEM矩阵，用于衡量顶点到与其邻接的三角面片的距离。距离越大，说明删除该顶点后对模型的影响越大。假设三角面片对应的平面以 $ax+by+ca+d=0$ 表示，则 K_p 的计算方法为：

$$K_p = \begin{bmatrix} a^2 & ab & ac & ad \\ ab & b^2 & bc & bd \\ ac & bc & c^2 & cd \\ ad & bd & cd & d^2 \end{bmatrix} \qquad （2-12）$$

而λ_i是顶点重要度，用于衡量顶点的尖锐程度，它由与顶点相接的面片重要度φ取均值得来：

$$\lambda_i = \frac{\sum_{i=1}^{t} \varphi}{t} \qquad （2-13）$$

$$\varphi = 1 - \sin \alpha = 1 - \cos \beta = 1 - \left| \cos \left(\widehat{n_i, n_p} \right) \right| \qquad （2-14）$$

角α、β的位置如图2-56所示。

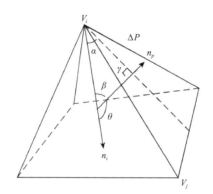

图2-56　面片重要度示意图

图片来源：张嘉鸿绘制

简单来说，如果一个顶点对应的三角面片大小越小、面片组成的夹角越平缓，那么这个顶点对几何模型的重要性就越低，顶点所在的边也就越容易被折叠。边折叠算法将不断简化模型，直至模型体积简化率达到预设比值。对乡村住宅模型，经多次试验，模型简化率设定为65%时，可以取得较好的效果。

2.3.1.5　高效传输算法

模型轻量化算法提升了乡村住宅设计建造场景的可视化效率。由于模型体积减小，轻量化算法对文件传输效率也有一定的提升。然而，由于乡村地区的信息基础设施建设落后于城市，数据传输仍然是限制平台用户体验的潜在瓶颈。因此，研究在轻量化研究的基础上，进一步实现了几何模型压缩算法，提升几何模型传输效率。

具体地，研究采用了三维模型压缩的经典算法——Draco算法。Draco算法的整体思路是将几何模型中的点与面片信息分别进行压缩与存储。其中，点数据采用预测压缩、熵编码压缩等技术进行压缩，而面片信息则采用Edgebreaker等算法进行编码压缩。模型在后端进行Draco编码后，文件体积将大幅减小，从而提升数据传输效率。模型传输至可视化平台后，再由前端进行解码，从而读取其中的几何数据，用于模型可视化。研究采用的可视化平台Cesium内置了对Draco压缩的解码支持，进一步简化了模型压缩与高效传输的流程。

2.3.1.6 模型验证

为验证轻量化与高效传输技术的应用效果，研究选取一栋典型乡村住宅的BIM模型，分别应用不同尺度的轻量化算法，程序输出结果如图2-57所示。需要说明的是，单体建筑内环境尺度的轻量化效果将随视角的改变而改变。

模型规模	LOD	模型视图（外环境）	模型视图（内环境）	三角形数	文件大小 （KB）	消减后文件大小 （KB）
原始文件	LOD4			143218	13556	1445
单体建筑内环境	LOD4			15694	1448	366
单体建筑外环境	LOD3			41038	3828	689
区域	LOD2			884	91	27

图 2-57 轻量化算法与高效传输算法效果

图片来源：冷烁绘制

可以看出，轻量化算法在不同尺度下均降低了模型文件大小。其中，单体建筑内、外环境尺度通过剔除次要构件的方法实现轻量化效果，该方法可以保证保留下来的构件外形不失真。而区域尺度算法则通过面片简化的方式，极大地减小了模型体积。由于在该尺度下，模型的主要特征是其位置、朝向与尺寸，因此，构件面片的简化不会对模型观感产生较大影响。轻量化模型经Draco算法压缩后，文件体积将进一步缩小，从而提高网络传输效率。

多尺度下，不同轻量化模型融合显示的效果如图2-58所示。在浏览村落场景时，区域尺度轻量化的模型被显示。随着视角的靠近，模型逐渐被切换至单体建筑外环境尺度、内环境尺度，从而实现不同尺度轻量化模型的无缝流畅浏览。

图 2-58　多尺度轻量化模型的融合浏览

图片来源：冷烁绘制

2.3.2　基于 Web 的 BIM/GIS 模型可视化

2.3.2.1　可视化基础技术

研究基于开源地理数据可视化平台Cesium进行定制开发，实现对BIM/GIS模型的可视化。Cesium基于Web图形库（Web Graphics Library，WebGL），实现几何数据在浏器端的可视化。WebGL定义了一套图形渲染管线，用于将三维空间物体映射至二维屏幕，具体包括：

顶点着色器：接受顶点坐标输入，并将其转换至WebGL全局坐标系。

图元装配：将顶点装配成指定的图元形状（点、线、三角面片等）。

几何着色器：根据预设规则构造新的顶点和图元。

光栅化：将图元映射为屏幕上的像素，并剪切视图外的像素。

片段着色器：根据光照、材质等，计算一个像素的最终颜色。

测试与混合：通过深度值判断物体的遮挡关系，混合多个几何体。

为满足渲染管线的数据需求，提供至Cesium的几何模型需要包括顶点、图元以及材质等信息。研究采用GLTF（Graphics Language Transmission Format）格式传递几何信息。GLTF是一种为实时渲染开发的三维数据标准，其架构如图2-59所示。该格式采用.bin文件组织顶点坐标与顶点索引，并在.gltf文件中存储了节点层级、材质等信息。在实际应用中，研究使用的是二进制格式的GLTF（Binary GLTF），即GLB格式。

GLTF文件实现了几何场景的组织，但在BIM/GIS模型中还包含了大量的语义信息，如建筑的名称、功能等，用于为乡村住宅模型提供必要的说明。研究采用B3DM（Batched 3D Model）文件实现几何信息与语义信息的融合。如图2-59所示，B3DM格式在GLB的基础上，于文件头中增加了Feature table与Batch table两张表单。其中，Feature table记录了模型的语义信息，而Batch table则记录了几何节点的标识符（ID），用于实现语义信息向几何模型的映射。

B3DM文件可以胜任单个BIM/GIS模型的信息传递。但为实现图2-59所示的LOD树状结构，从而支持多尺度的轻量化技术，研究进一步引入3D Tiles格式，实现对轻量化BIM/GIS模型的组织。3D Tiles以Json文件的形式，定义了B3DM模型的若干属性，用于指导模型加载过程。例如，Children属性用于定义当前模型的子节点，从而构造树结构；而Geometric error属性规定了当前节点何时被子节点替换，从而实现轻量化模型按视角距离的加载。研究中，最终由数据接口向可视化平台传递的，就是3D Tiles格式的文件。Cesium提供了3D Tiles文件的解析接口，简化了模型文件加载与渲染的流程。

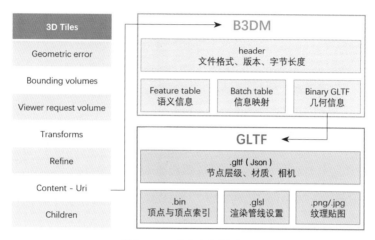

图 2-59　可视化文件数据格式

图片来源：冷烁绘制

2.3.2.2　可视化平台设计

研究在Cesium的基础上，开发了乡村特色的用户交互界面。如图2-60所示，用户交互界面由上侧的菜单栏、右侧的信息栏，以及界面的主体部分视图区组成。对不同功能模块的介绍如下：

菜单栏：以菜单的形式提供交互选项。其他子课题所开发的功能，未来也计划集成至菜单栏中。

信息栏：以面板的形式提供浏览过程中所需的信息。

视图区：实现BIM/GIS模型可视化与乡村住宅场景浏览。

平台的入口界面为中国地图，在地图中标记出平台接入的乡村住宅设计/建造工程位置。例如，课题中，平台接入了徐州市的一处乡村住宅示范项目，因此徐州在地图中被标记。

在地图中选择徐州，平台将自动跳转至徐州市界面。市级界面下，平台将显示出接入的乡村住宅工程的具体位置。在徐州界面中选择八湖村，平台将跳转至八湖村示范工程所

图2-60　乡村住宅项目跳转
图片来源：冷烁绘制

区域尺度模型　　单体建筑外环境尺度模型　　区域尺度模型

图2-61　多尺度轻量化模型的切换
图片来源：冷烁绘制

在位置（图2-60）。跳转的默认视角位于村落外围，用于展示村落的整体规划设计情况。

村落级别的场景融合了GIS数据库中的道路、水域和用地规划信息，以及经区域尺度轻量化的BIM模型。将视角靠近建筑，建筑将切换为更为精细的单体建筑外环境尺度模型。如图2-61所示，屏幕正中的建筑距视角最近，已经被替换为精细模型，而两侧建筑仍保持为区域尺度模型。由于轻量化算法保留了模型主要特征，因此文件体积虽然大幅降低，但轻量化模型给人的观感与原始模型相差无几。

在BIM/GIS模型的基础上，可视化平台根据八湖村的实际规划方案，在对应位置添加了路灯、树木、垃圾箱、健身器材等一系列附属设施，实现乡村住宅模型与周边环境的融合，突出显示其真实感，如图2-62所示。

村落级别的场景展示了八湖村项目的整体规划方案。可视化平台同样提供了查看单体建筑设计方案的用户界面。在工程项目场景下，信息栏中列举了项目的设计成果，包括二

图 2-62　显示真实感设计

图片来源：冷烁绘制

维CAD图纸与三维BIM模型。图2-63展示了浏览BIM模型的效果。此时的三维BIM模型为单体建筑内环境尺度模型，拥有最高的精细度，但周边的环境信息被过滤。

为了方便模型的浏览，在单体建筑内环境尺度下，视图左上角设置了导航区。点击导航区的模型缩略图，视角便会调整至模型对应位置，并提供广角浏览，如图2-64所示。

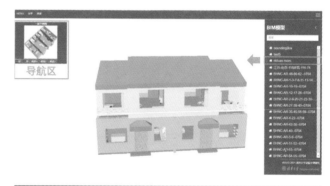

图 2-63　单体内环境尺度模型浏览

图片来源：冷烁绘制

图 2-64　视角切换与广角浏览

图片来源：冷烁绘制

2.3.2.3　图形平台接口共享

在完成了BIM/GIS融合可视化的基础上，课题将图形平台功能进行封装，以功能接口的形式提供给各个子课题使用。子课题可调用图形绘制接口以加载几何模型，并调用用户界面接口以加入新的用户交互选项。目前，图形平台已为子课题二、子课题五提供接口服务。

图 2-65　标准图集搜索界面

图片来源：宋盛禹绘制

图2-65所示为子课题五开发的乡村住宅标准图集搜索界面，用于说明接口的调用情况。通过用户界面接口，搜索按钮被添加至菜单栏中。点击搜索按钮，由用户界面接口绘制的搜索面板将被弹出。用户可根据关键词确定自己所需的标准图集，在选定图集后，界面将调用可视化接口，显示模型的可视化效果。

2.3.3　基于 BIM 的乡村住宅虚拟建造辅助技术

2.3.3.1　乡村住宅虚拟建造辅助技术平台开发

依据乡村住宅施工过程的实际需求，结合上一年度所取得的研究成果，课题本年度开展了基于Web的轻量化平台开发，实现基于B/S（Browser/Server）架构的BIM可视化展示，以减小对客户端资源的占用。上一年度，在数据标准化转化与拓展机制研究的基础上，课题开发了平台后端服务部分，实现了逻辑关系、施工进度、施工资源和场地布置等各类信息的整合。本年度，在上一年度所建立的后端服务基础上，重建了前端部分，如图2-66所示，采用更加清晰、易用的前端页面布局以适应乡村建筑的施工，更方便乡村建筑施工人员使用。同时，新的前端考虑到村镇施工现场环境，采用了更便于在移动设备进行访问的页面布局。

目前，轻量化平台的模型展示功能同样得到了较大的改进，针对乡村住宅施工的需求，提供了模型可视化展示、平立剖和三轴自由剖切、模型漫游、模拟测量、模型参数查阅等功能（图2-67~图2-69）。

图 2-66　平台前端界面

图片来源: 张冰涵绘制

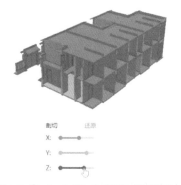

图 2-67　模型剖切

图片来源: 张冰涵绘制

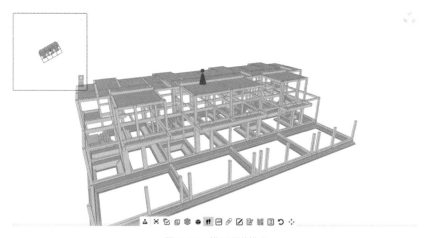

图 2-68　模型漫游模式

图片来源: 张冰涵绘制

此外，平台提供了单独构件信息查询与绑定功能。对于施工过程中的重难点，可以通过绑定功能为特定的复杂构件添加工艺功法信息，或者通过附加链接补充施工信息（图2-70、图2-71）。

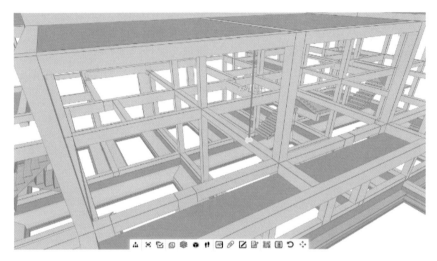

图 2-69　长度与面积测量

图片来源：张冰涵绘制

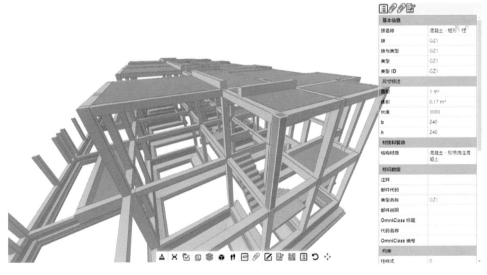

图 2-70　构件信息查询

图片来源：张冰涵绘制

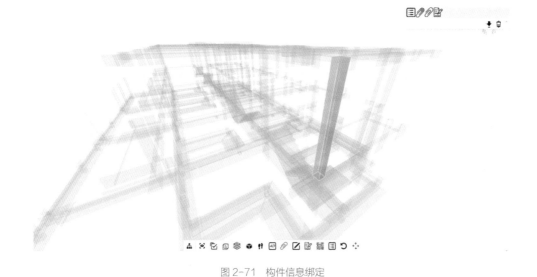

图 2-71 构件信息绑定
图片来源：张冰涵绘制

2.3.3.2 乡村住宅快速成本估算

上一年度所进行的基于BIM的乡村住宅成本估算研究提出了满足规范的村镇建筑的工程量自动化计算方法。研究基于BIM模型数据中构件的几何信息和属性，参照规范所给出的工程量计算的逻辑层级和三维实体布尔运算法则，实现了村镇建筑中常见的分部工程与分项工程所涉及的工程量计算与统计。这一方法具有较高的自动化程度，在村镇建筑成本预估层面展现了BIM技术的优势。本年度，在上一年度所研究的数据流程和算法基础上，课题在平台上对乡村住宅的快速成本估算进行了工程层面实践，同时，基于课题示范项目所给出的BIM模型，开展了应用测试。测试选用了示范项目的结构模型，基于模型的几何信息通过规范算法计算各项主要结构构件的用量，同时输出到平台后端。之后，结合综合单价，快速生成模型的成本信息，并于平台成本估算模块进行展现（图2-72）。

2.3.3.3 乡村住宅施工场地布置优化

在此前的研究中，课题基于村镇建筑和施工工艺的特点建立施工场地布置的参数化BIM模型，通过对现场约束条件和影响因素的量化，构建了多目标非线性规划数学模型，通

图 2-72　平台快速成本估算模块界面
图片来源：张冰涵绘制

过遗传算法优化求解和模糊筛选，得到施工场地布置的最佳方案。本年度，课题基于乡村住宅虚拟建造辅助技术平台，对场地布置优化的数据流程进行了重新规划（图2-73、图2-74）。

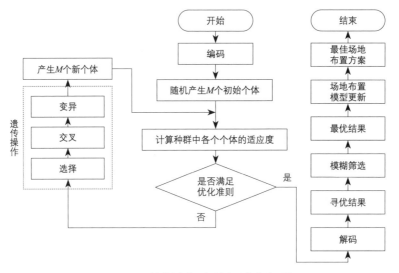

图 2-73　乡村住宅施工场地布置优化流程图
图片来源：杨春贺绘制

多目标函数 $\begin{cases} \min f_1 = \sum\limits_{i=1}^{n}(w_i k_i l_i) \\ \\ \min f_2 = \sum\limits_{i=1}^{n} T_i \end{cases}$　➤运输成本

　➤运输时间

约束条件 $s.t. \begin{cases} \left| x_i - x_j \right| - \dfrac{L_i + L_j}{2} \geqslant L_{ij}, (i \neq j) \\ D_{i1}(x_i - \dfrac{L_i}{2}, y_i - \dfrac{W_i}{2}) \\ D_{i2}(x_i - \dfrac{L_i}{2}, y_i + \dfrac{W_i}{2}) \\ D_{i3}(x_i + \dfrac{L_i}{2}, y_i - \dfrac{W_i}{2}) \\ D_{i4}(x_i + \dfrac{L_i}{2}, y_i + \dfrac{W_i}{2}) \\ D_{ik} \in S, \ k = 1, 2, 3, 4 \end{cases}$

➤现场临时设施不超过
可布置场地边界

➤堆场间距根据乡村住
宅现实要求放宽

图2-74　优化采用多目标函数与约束条件
图片来源：杨春贺绘制

同时，基于课题示范项目，在虚拟建造辅助平台开展了乡村住宅施工场地优化实践。在
示范项目中，首先选取了一个独立区域，建立了场地布置初始模型，对堆场、起重设备
等进行了初步布置。根据模型与前序研究所提供的工程量计算方法，可以获得施工过程
的吊装工作量，根据这一信息初步确定现场需要布置的堆场和起重设备规模。之后，根
据乡村的实际条件建立施工现场布置约束条件，根据多目标函数开展优化工作。通过遗
传算法，获取堆场布置的最优方案。最后，依据场地布置优化结果生成场地布置模型，
并通过平台进行成果展示（图2-75、图2-76）。

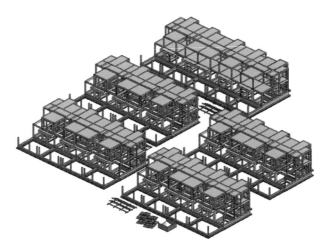

图2-75　初始场地状态
图片来源：刘伯达绘制

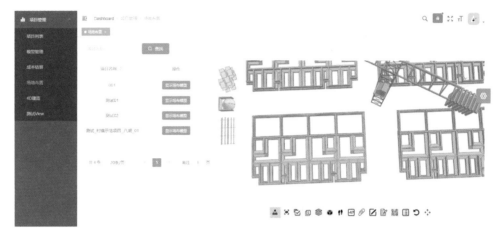

图 2-76　施工场地优化布置模块界面与优化结果展示

图片来源：张冰涵绘制

2.4　基于 BIM 的设计流程控制和信息交换机制

BIM平台的应用可以为乡村统建住宅设计中的流程控制和数据转换问题提供一个解决措施，并且BIM模型的建立可以使各个专业间实现模型实时调整，促进多专业的合作交流。在确定BIM应用目标后，首先需设计BIM应用的总体流程，确定初步设计、深化设计阶段的相关标准、族库，以及需要输出的图纸和模型深度，以便让团队的每个成员了解整体的BIM应用情况和各自的工作任务以及相互之间的配合关系（各个阶段的深度）。其次需要设计BIM应用的分项流程，在乡村统建住宅的设计中，这一部分主要需要将BIM应用和能耗模拟软件相结合，根据选定的模拟软件的需求补充或删减BIM信息，并根据能耗模拟的需求适当地调整BIM应用顺序。

乡村统建住宅的设计需要多专业协同合作，不同专业使用不同的建模与模拟软件，各种软件及文件之间的信息共享是保证项目顺利进行的关键，对同一个阶段不同专业间和不同阶段各专业间的信息交换内容和细度要求都要有统一的标准。在项目开始之前需选定将使用的BIM软件及适配的模拟软件以保证信息的顺利交换。以Autodesk公司的BIM软件为例（图2-77），Revit主要用于建筑、结构、机电专业的建模，在进行性能化分析时，

Autodesk		设计阶段		
软件名称	专业功能	初步设计	深化设计	施工图设计
CAD	平面表达	●	●	
Revit	建筑建模 结构建模 机电建模	●	●	●
Showcase/Navisworks Simulate	可视化	●	●	
Navisworks Manage	碰撞检查		●	●
Ecotect Analysis	性能分析	●	●	
Robot Structural Analysis	结构分析	●	●	●
Green Building Studio	能量分析	●	●	
Buzzaw	文件共享管理	●	●	●

图 2-77　Autodesk 公司的 BIM 软件应用
图片来源：芮阅绘制

可以在Revit模型上录入相关的能耗信息，形成BEM模型（Building Energy Modeling），再以gbXML格式导入性能化分析软件，能够有效减少信息交互时产生的问题。

2.4.1　乡村统建住宅 BIM 设计依据

1）国家相关法律、法规、强制性条文、国家及各行业设计规范、规程、行业条例及项目所在地方规定和标准。

2）《建筑信息模型应用统一标准》GB/T 51212—2016。

3）BIM模型系列标准，模型应满足《建筑信息模型设计交付标准》GB/T 51301—2018。

4）BIM族库系列标准，模型应满足《建筑信息模型施工应用标准》GB/T 51235—2017及相关族库规范要求。

5）BIM模型采用Revit2018版本作为建模软件平台。

6）甲方提供的经确认的编码插件和模型检查插件。

7）BIM模型管线综合标准应满足《管线综合BIM指南》。

8）甲方提供的经确认的项目全专业施工图、全专业标准模型、全专业族库。

9）BIM模型应满足质监管理需求。

10）BIM模型应满足计划管理需求。

2.4.2　乡村统建住宅 BIM 设计内容（表 2-9）

八湖村示范项目 BIM 设计内容　　　　　　　　　　表 2-9

专业	工作内容	内容描述	
建筑	建筑空间	需要表达标高、轴网、墙体、门窗、楼梯、扶梯、阳台、雨篷、台阶、车道、管井等所有建筑构件尺寸信息。 需要表达天窗、地沟、坡道等其他建筑构件尺寸信息。 需要表达固定家具、卫生洁具、水池、台、柜等固定建筑设备和家具尺寸信息。 需要表达栏杆、扶手、功能性构件等建筑构件尺寸信息。 需要表达墙定位、墙厚、门洞尺寸及定位、墙机电留洞尺寸、房间面积等尺寸信息。 需要表达墙体、楼板等构造做法信息。 需要表达门窗的分类、规格尺寸（门种类、数目、尺寸以属性值输入）、开启方向，防火卷帘、商铺卷帘的做法以及防火卷帘、商铺卷帘与机电管线的关系。 需要表达各类分区及房间的功能、名称、编号、面积等信息。 需要表达构造柱、圈梁等模型	
结构	结构构件	桩基础、筏形基础、独立基础、垫层、节点（包括但不限于集水坑等）结构构件尺寸、材料信息。 梁、柱、板、剪力墙、楼板开洞、剪力墙开洞、楼梯、节点（包括但不限于女儿墙、出屋面管井、止水带等）结构构件尺寸、材料信息。 采光顶（包括钢构、玻璃、开启扇、遮阳、灯具、吊挂、防雷、电机等信息）	
机电	包括但不仅限于：空调、采暖、给水排水、雨水、消防、强电、弱电、燃气、小市政及相关大市政、室外园林给水排水及照明、照明配电、室外场地排水、水景等	机电各专业的所有管道，以及所有公共区域和标准单元的线缆、线管（除弱电智能化专业的线缆线管外）。 机电各专业的设备。 机电各专业附件及末端（包括烟感、温感、喷淋、风口、喇叭、灯具、温控器、计量仪表、开关、插座、阀门等）。 机电各专业管道的规格、厚度、坡度、管材、连接方式等。 机电管线综合排布满足设计、施工要求，实现管线综合设计施工一体化。 管线综合碰撞达到零碰撞，并且体现设计说明中的安装原则。 可以通过管线综合模型生成管线综合平面图和剖面图	
幕墙及夜景照明	幕墙	幕墙龙骨、面材尺寸及定位。 所有与幕墙有关的防水、防火、保温、防雷等构造。 幕墙单元满足成本组明细的精度	
	夜景照明	灯具样式、灯具定位及控制箱位置。 所有与幕墙相关的照明系统配合和相关检修配套构造措施	
室内装修	需要表达地面、墙面、天花上设备材料的末端点位及管线和检修口位置及大小，包括以下内容：墙面、柱面上的灯饰、强电插座、电源开关、通信插孔、空调控制器、消防操控按钮、安全出口指示等机电末端的位置；配合所有机电管线综合布置天花上灯、空调风口、消防、喷淋等	天花	天花尺寸、定位、材质、构造及样式做法，不同材料交接处的做法。 灯具、灯槽、喷淋、烟感、音响、造型节点、检修口的位置及机电末端点位
		墙面	墙面尺寸、定位、材质、构造及样式做法，不同材料交接处的收口做法。 所有墙面上消火栓箱、排烟口、正压送风口等信息。 基础墙体的详细构造，装饰完成面的详细构造。 墙面与天花交接处的做法。 墙面装饰造型、栏杆、台阶和踢脚及其构造做法。 柱子的做法及与地面、天花交接处的做法
		地面	地面材料的种类（分材质）、地面拼花、不同材料交接处的收口做法（例如找平层和涂层）。地面与墙面踢脚的收口做法。 地面标高需要表示完成面标高和结构面标高（标高和净高仅限于在模型内测量，不作另外的显示）
		卫生间大样	需要表达卫生间墙面、地面装修的材质、洁具的安装配件、管线的布置，吊顶及机电末端和检修口位置等内容

续表

专业	工作内容	内容描述	
导向标识	公共区域	吊顶导识牌	所有点位
		地面导识牌	所有点位
		墙面导识牌	所有点位
景观	硬景类 软景类 小品设施	准确表达所有景观信息。包括但不限于：设计地形（坡度、各点高程等信息）、标识的高度、造型及基础信息；所有和景观有关的基础空间关系，水景基础等；乔木、灌木及地被植物的空间关系等。 准确表达市政道路信息。 体现不同材质交界面，如建筑墙体、幕墙与景观地面交界面，各种管线与景观完成面及基层的关系等	
		雨污水、电缆、信息光缆、上水、煤气等管线的标高、走向及检查井的平面布置。 检测所有等高线和排水沟设计。 表示出铺装完成面、结构完成面和剖面，幕墙、排水及照明的关系。 体现水景细节，给水管/排水管，整体性防水，循环系统，水景喷嘴位置，照明，控制器定位及泵房空间关系。 体现水景照明及相应控制系统。 准确表达景观的地形、种植地形，包括所有的景观特色景墙、道牙、井盖和特色景观室外家具位置及基础。 表示出周边的管线、排水相关的空间关系。 体现景观铺装完成面、种植图完成面与机电、电气、管道及建筑红线之间的关系。碰撞报告需查明机电和景观的碰撞（包括道牙、树木、照明和标识等）。 景观场地满足成本算量要求	
小市政	红线内管线综合	完成红线内小市政管线综合，避让植物根系及旗杆、花池基础。 完成小市政管沟的模型，并满足成本算量要求	
二次深化内容	土方类	依据实际项目场地进行土方类的建模	
	管线综合	依据实际项目提供的深化图纸进行建模	
编码	构件分类编码	所有模型构件应根据相应的标准要求录入构件分类编码	

表格来源：姬昂绘制

2.4.3 乡村统建住宅 BIM 协同应用

BIM协同是基于图纸和模型轻量化技术，为建设方企业设计业务部门提供项目计划与协同管理、项目成果与质量管理、面积指标管理、产品标准化管理等数字化模块。数字化技术赋能，最大程度增效、提质、协同，能实现计划任务驱动设计管理、提升组织效能、设计成果数字化、集中共享、在线协同图纸审查、BIM支撑数字化转型（图2-78、图2-79）。

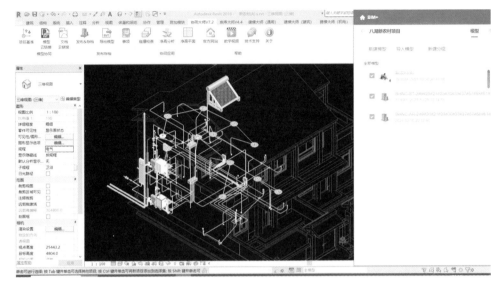

图 2-78   BIM 协同平台界面 1

图片来源：黄心硕绘制

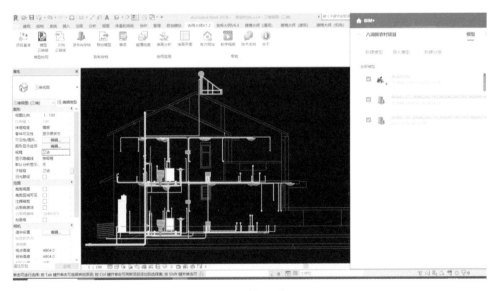

图 2-79   BIM 协同平台界面 2

图片来源：黄心硕绘制

参考文献

[1] 何丽华，於新国，于胜杰. 城镇空间适宜性评价方法与应用[J].地理空间信息，2021, 19（8）：9-12, 4.

[2] 曹颖，翟建宇，赵希，等.基于BIM的住宅项目设计流程研究[J].建设科技，2020（14）：62-67.

[3] 吴军，李彤，李鹏波，等. 胶东海草房由来与发展综述[J].现代园艺，2018（23）：118-121.

[4] 温玉央，李思瑶，赵希，等. 村镇住宅设计资源分类标准体系框架研究[J].住区，2021（4）：92-98.

[5] 段德罡，刘嘉伟. 中国乡村类型划分研究综述[J].西部人居环境学刊，2018, 33（5）：78-83.

[6] 刘志鸿. 科技赋能青房黛瓦 美丽乡村从住宅开始[J].中国农村科技，2020（5）：38-43.

[7] 王勇，张建平，胡振中. 建筑施工IFC数据描述标准的研究[J]. 土木建筑工程信息技术，2011（4）：7.

[8] 肖波，冉光炯，白皓，等. 高速公路建设项目中的IFC创新应用探讨[J]. 科学技术创新，2021（5）：3.

[9] 张振伟.BIM数据的解析与可视化研究[J]. 河南科技，2021, 40（9）：3.

[10] 陈华光，王京文，张晓清. 虚拟场景中基于LOD的树木真实感建模[J]. 计算机技术与发展，2008, 18（12）：4.

[11] Leng S, Lin J R, Li S W, et al. A Data Integration and Simplification Framework for Improving Site Planning and Building Design[J]. IEEE Access, 2021（9）：148845-148861.

[12] 张嘉鸿，冷烁，胡振中. 面向乡村住宅的数据集成与轻量化技术研究[J].土木建筑工程信息技术，2021（1）：7-12.

[13] 冷烁，李孙伟，胡振中. 基于开源技术的城市地理信息平台构建方法研究[J]. 图学学报，2020, 41（6）：1001-1011.

基于 BIM 技术的乡村统建
住宅协同设计流程

设计阶段中的决策与流程，决定着整个项目能否顺利实施，因此，乡村统建住宅的协同设计流程至关重要。乡村统建住宅的协同设计流程大致分为方案设计阶段、初步设计阶段、深化设计阶段以及施工图设计阶段（图3-1）。方案设计阶段主要以单体建筑的概念方案设计为主，建筑师会根据当地政府和村民的诉求对乡村统建住宅进行单体建筑的概念设计，对住宅的朝向、平面功能和整体造型进行初步设计，并根据其他专业提供的建议进行修改，最终向政府人员进行初步方案汇报；初步设计阶段主要为建立BIM初步模型、进行性能优化，各专业工程师对单体建筑进行初步的计算设计或模拟分析；深化设计阶段主要为深化BIM模型、进行检查验证，各专业在优化模拟的基础上进一步协同深化专业模型，将各个专业深化BIM模型整合成一个项目整体模型，最后基于BIM可视化、分析软件对项目整体模型进行碰撞检查、经济性验证和节能验证；施工图设计阶段主要是确定项目最终模型，进行汇报、对接，各专业在不断深化BIM模型的基础上完善模型和图纸以达到施工图要求，以链接模式将各专业最终BIM模型整合成项目最终BIM整体模型，最终按要求进行成果输出和汇报、对接的信息处理。

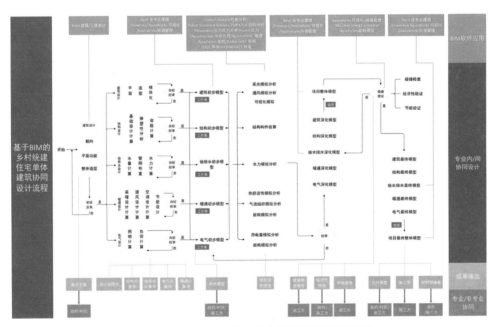

图 3-1   基于 BIM 的乡村统建住宅单体建筑协同设计流程

图片来源：芮阅绘制

3.1　方案设计阶段

方案设计阶段即为建筑师对方案的构思阶段，概念设计是建筑方案设计阶段中极具创造性的部分，很多优秀的设计往往是通过该过程来实现的，概念设计对于方案设计的扩展和延伸建筑的创新性、多样性和工程设计间相关性的影响十分突出。这一阶段需要考虑项目的所有相关问题，包括功能设置、成本、建造方法、使用材料、环境影响、文化、审美等。并且在这一阶段需要预先考虑整个设计团队中各专业人员的配置。

3.1.1　前期现状调研分析

3.1.1.1　设计信息的收集与场地分析

在概念构思的前期，建筑师面临来自项目任务书、拟建场地、气象气候、规划条件等大量的设计信息。对这些信息的分析与整理对于建筑设计来说是非常有价值的。建筑师开始构思方案之前应熟悉拟建场地及周边环境、地貌特点、风俗习惯等，明确用地规划边界线，同时还要兼顾一年中太阳运行轨迹对建筑可能产生的影响，气候条件与季风方向。同时，建筑师需要仔细研读设计任务书，并尽可能地去了解村民的意图及需求，思考什么样的设计能满足村民的要求并适合于基地及符合项目要求。充分利用各种已知条件，在设计的最初阶段就可以朝着最有效的方向努力，并做出适当的决定，从而避免潜在的失误。

这一阶段，建筑师需要将村民或政府部门提供的建设基地及其周边的地形情况的原始规划建设条件，利用BIM建模软件进行创建（图3-2）。

完成基地模型的创建工作后，建筑师需要结合调研结果对基地条件进行详细梳理。若遇到复杂的地形，可以利用BIM技术平台结合GIS及相关分析软件对设计条件进行判断、整理、分析，从而找出主要关注点。建设场地往往是高低起伏的，坡度和高程分析是场地分析的重要内容。通常当地表坡度超过25%时，不利于施工，且容易产生水土流

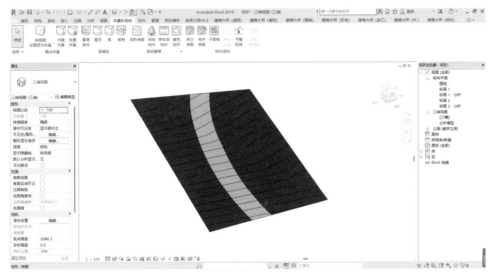

图 3-2　Revit 地形创建

图片来源：黄心硕绘制

失；当坡度小于25%但大于10%时，建筑室外活动会受到一定的限制，施工也比较困难。场地的分析主要包括两方面：自然地形和建筑环境。根据自然地形和建筑环境两个主要关注点的分析结果确定拟建场地是否需要进行场地平整，或是利用地形的特点进行建筑设计。

3.1.1.2　农村住宅能耗分析

农村住宅主要是满足村民的居住功能和生活习惯，在进行乡村统建住宅设计前需要调研当地普通农宅的住宅形式，分析当地普通农宅能耗现状和能源利用形式，可以为乡村统建住宅的设计提供建筑形式的参考和降低能耗的路径，有利于提高村民的接受度。

影响建筑能耗的因素很多，其主要分为三类，一是建筑周边环境及气候因素的外部条件；二是与建筑设计相关的因素；三是和建筑的运行管理相关的因素。专业能耗模拟软件是基于这三类因素的影响进行考虑，而在实际的运行中，以上因素之间也相互影响，并影响建筑的能源消耗。如果要大大降低建筑的能耗，光进行定性分析是不够的，需要定量分析建筑耗能，找出其与各影响因素的关系，确定影响大的因子，这对建筑节能设计的优化和节能措施的制定来讲是非常重要的。

建筑室外的气候环境即外扰，空气温度和湿度、风速和风向、太阳辐射强度等都在外扰范畴内（图3-3）。外扰通过围护结构，以热对流或热辐射方式和室内环境进行热交换[1]。建筑本身的属性和一些参数即建筑本体因素，包括其几何造型、结构和材质等。其他影响因素都直接或间接地由建筑本身作用于建筑，对建筑室内环境产生影响，其充当了建筑热交换的媒介，从而导致建筑室内湿度、温度及光照、透气性等方方面面的改变。所以建筑本体设计的好坏，会直接对建筑能耗产生影响。建筑本体因素有很多，主要由建筑朝向、建筑形体、外墙与屋面的传热系数、地面热阻、窗墙比、外窗传热系数和遮阳系数等因素组成。室内人员及照明、空调等电气设备的散热、散湿过程即内扰。这个过

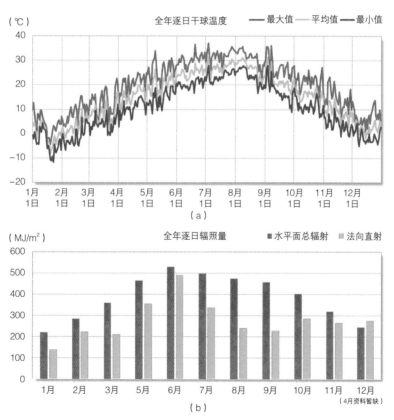

图 3-3　徐州市全年逐日干球温度表（a）、徐州市全年逐月辐照量表（b）

图片来源：苗舒康绘制

程对房间的热作用，包括潜热和显热两方面。散湿过程导致潜热散热，而显热散热是指其与室内环境之间通过两种形式进行热交换，一种是把热量直接通过对流的形式传递给建筑室内的空气，另外一种是以辐射的方式进行热量传递，其对象为周围各个表面，再通过室内空气与各物体表面进行对流换热，还是逐渐将热量传给建筑室内的空气。内扰影响因素由设备与照明的功率、人均占有面积、空调运行时间、室内设定温湿度、制冷剂COP、换气频率等组成。

3.1.2　概念设计

3.1.2.1　人员配置

在概念设计阶段，主要是建筑师做概念方案设计，设计过程中结构工程师根据结构设计给予选型意见，MEP专业根据预期方案对建筑专业提出专业意见，整个方案设计阶段过程持续与政府及村民进行沟通。

3.1.2.2　协同设计流程

前期分析工作结束之后，建筑师就要对乡村统建住宅进行单体建筑的概念方案设计，包括住宅的朝向、平面功能和整体造型的初步设计，确定建筑设计的基本框架。建筑师需要通过结合任务书中的功能布局、容积率、构造方法等分析来确定建筑物形体的总体方向。通过对各种需求的深入分析和推敲，确定建筑功能布局的基本框架、模型体积关系、内部空间布局以及与场地环境的关系。

1）概念设计工具选取

在这一阶段，建筑师需要快速地生成概念方案，而且概念设计几乎完全依赖于设计团队中实际经验丰富、专业知识扎实的主建筑师，他们基于自身的知识储备和直觉进行设计工作，并及时提取设计团队内其他人员的反馈意见。团队内部的交流、沟通在这一环节显得尤为重要。快速的勾勒功能及较低的技术要求使得铅笔（或其他绘图笔）成为概念设计阶段方案生成的最主要的工具。徒手概念草图是传统设计过程中主要的记录设计构思并进行团队内部讨论的文件形式（图3-4）。但是，通过快速绘制草图进行概念设计也会产生诸多弊端。基于快速、直观的因素，手绘过程中可能会产生比例失调的现象，概念方案通过评估进入深化阶段后，发现实际比例无法满足设计要求，需要重新进行概念方案的设计，浪费了大量时间和人力资源。此外，绘制草图的概念设计模式与拟建场地的环境互动也较少，无法充分地将建筑与环境有机结合起来。

基于手绘草图在建筑概念设计阶段遇到的问题，比例准确、操作简单的概念设计辅助软件在建筑概念设计时显得尤为方便。以Revit Architecture 软件为例，该软件为设计人员提供了两种概念体量的生成方式：可载入概念体量族和内建体量。可载入概念体量族适用于概念设计时期建筑形体的推敲，形体创建方便，文件存储便捷灵活，随时可以载入到创建完成的拟建场地模型中进行方案的交流讨论。内建体量则是依附于单一项目文件的体量创建，体量的创建只服务于该项目文件，无法导出或者载入其他文件，体量共享性相较于可载入概念体量较差，但是对于项目内部局部体量的创建则更为灵活一些，项目文件的整体性也相应地提高。

图 3-4　T&A House 徒手概念草图

图片来源：张一兵绘制

2）专业间协同设计沟通

通过建立体量模型并进行多方案比较分析，建筑师可以深入推敲建筑形体之间的内在逻辑以及建筑与场地的关系，从而得到最优解。有了体量模型，就可从体量模型自动创建楼板、墙、幕墙、屋顶等基础建筑构件，快速完成平、立、剖面等设计。进而形成可以体现设计思想的较为完整的概念设计方案，可供建筑师与政府、村民进行沟通。这一阶段，建筑师通常会提供多个概念设计方案供政府、村民比较、选择。

在基于当地气候特点、建筑特色与能耗现状，利用设计辅助软件对建筑物的朝向、平面功能以及整体造型等进行初步方案设计后，即可通过Revit软件进行概念模型的建模，利用三维模型直观表达方案设计的结果（图3-5）。T&A House是由中国矿业大学与波兰克拉科夫AGH科技大学联合设计的一所零能耗乡村统建住宅，设计团队基于BIM协同设计，实现设计团队、政府、村民、施工方等多方参与及协作。

概念模型建立时，建筑师需要考虑建筑设计方案如何反映当地的风土人情，如何对周围的环境产生积极的影响。对于这些问题的决策将会影响到建造成本、建筑利用率、建造的复杂程度、项目交付时间以及其他一些重要的方面，这对整个建设项目来说至关重要，因此，与政府和村民的沟通尤为重要。建筑师可以在软件平台上划分工作范围和权限，政府、村民和其他专业人员可在BIM平台上以只读模式进行资料阅读并提出修改意见。

图 3-5　T&A House 概念模型
图片来源：谢文驰、陈楠绘制

利用Revit建模软件完成概念模型设计后，再按照其他专业以及政府、村民的修改意见修改完毕，形成最终概念方案，并向政府人员进行初步方案汇报，若通过则进入下一阶段，若未通过则继续修改。

3.1.3 方案设计阶段协同设计流程总结

在方案设计阶段，主要是建筑专业的前期分析工作以及概念方案的设计，此阶段的任务仍然是以建筑方案的表达为主，目的是达到政府想要的效果，满足村民的诉求，优秀的方案展示依然是建筑方案设计团队的工作重点。在具体实施过程中，建筑专业牵头整个建筑项目的设计开展。

而此阶段BIM模型的表达可以使方案设计阶段建筑专业所提供的协同信息直接从模型中读取，方便其他专业的工程师以及政府人员和村民提出修改意见。并且由于各专业都是在同一BIM软件中开展建模工作，对模型信息的读取也相对容易，模型的建立将从方案阶段开始贯穿着整个协同设计流程。

3.2 初步设计阶段

在BIM设计模式下，初步设计阶段同样由建筑专业根据概念提出设计策略，但建筑、结构、MEP三个部门以并行的方式协同设计。大家在同一个三维模型中工作，各专业实时地沟通与反馈。协调整合后，在三维的展示平台上以直观的方式与政府和村民沟通，生成必要的二维图纸与BIM模型一同交付于下一阶段部门（图3-6）。

初步设计阶段应承担起对概念方案的具体落实职责，对合理的柱网确定、防火分区、疏散距离、建筑高度、结构选型等一系列与建筑规范密切相关的问题应着重考虑。

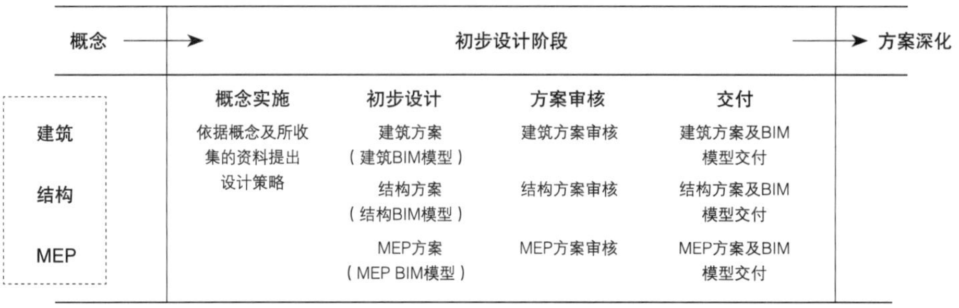

概念 →		初步设计阶段		→ 方案深化
	概念实施	**初步设计**	**方案审核**	**交付**
建筑	依据概念及所收集的资料提出设计策略	建筑方案（建筑BIM模型）	建筑方案审核	建筑方案及BIM模型交付
结构		结构方案（结构BIM模型）	结构方案审核	结构方案及BIM模型交付
MEP		MEP方案（MEP BIM模型）	MEP方案审核	MEP方案及BIM模型交付

图 3-6 初步设计阶段协同设计流程图

图片来源：乔楠绘制

3.2.1 专业内部协同设计流程

BIM工作模式下的协同设计改变了传统设计流程中的"信息断层"问题，设计信息能够通过BIM模型进行实时的共享沟通，使信息传递更加准确高效、重复劳动减少，设计效率大大提高。本书以Revit软件平台下的工作集协同模式为主要协同方式，分析其适用范围。

工作集协同是一种多个设计人员同时编辑一个工作模型的协同方法。工作集协同需要先建立好一个中心文件，各设计人员独立编辑自己的本地文件后，将本地文件实时上传到中心文件中，也可实时将最新的中心文件更新到本地文件之中，通过这种方式来实现各子模型与中心模型的实时同步。中心文件可保存在本地搭建的服务器中，各设计人员通过局域网实现与中心文件的实时更新，也可将中心文件上传至安全的云端服务器，设计人员通过互联网实现本地文件与中心文件的实时更新。前者对硬件设施要求较高，后者对网络条件与数据安全性要求较高。

3.2.1.1 建筑专业协同设计流程

在初步设计阶段，建筑师根据政府和村民的需求进行初步方案设计，需要进行户型平面、造型等的标准化设计。完成自校校审并在专业间相互提资的基础上建立建筑初步BIM模型，形成工作集模式进行协同整合，最后基于BIM分析模拟软件进行采光模拟分析、通风模拟分析和建筑可视化模拟。

本专业之间由于联系较为紧密，采用工作集的方式进行设计。多个设计师同时参与同一个项目建筑专业的设计工作，即不同设计师负责设计单体建筑中的某一个区域，最终需要合成为一个完整的设计项目时，采用工作集的方式以便于多个建筑师及时交互。本专业之间的协同通过建立中心文件实现，工作的共享协同性更强，同专业人员通过"与中心文件同步"可以实时更新整个项目的设计信息，可以保证共享信息的实时性和准确性。同时通过"借用图元"等操作可以向其他同专业人员发送变更请求，便捷地进行沟通。

在初步设计阶段，设计人员通过对建筑项目所在的地理位置与气象资料进行调查分析，对项目的地质条件与环境等进行调查，多方面进行建筑设计的室内外环境分析，常见的性能分析主要有建筑日照与辐射分析、建筑室内外风环境分析等。

1）建筑日照与辐射分析：利用Ecotect软件建立BIM概念化模型，建立好模型后，通过对项目现场环境与气象资料的调查，输入项目的地理位置与气象资料，进行日照与辐射的分析。根据软件模拟的结果进行室内采光分析（图3-7），将结果与当地的规范进行对比分析，发现不满足要求的地方则进行调整。

2）建筑室内外风环境分析：良好的通风条件是室内外居住的舒适性评价的重要指标，根据项目当地气候条件，进行不同季节的室内外风环境分析（图3-8~图3-10）。除此之

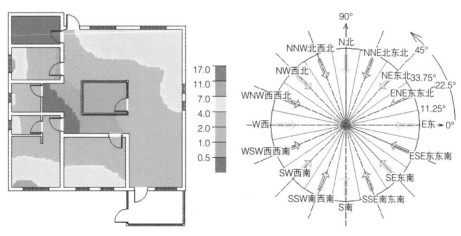

图 3-7　T&A House 室内采光分析　　　　图 3-8　T&A House 项目地区风向示意图
图片来源：苗舒康模拟分析　　　　　　　　图片来源：苗舒康模拟分析

外，也可采用Ecotect软件或其他分析软件分析统建住宅的通风条件，对不满足舒适性的地方进行调整。

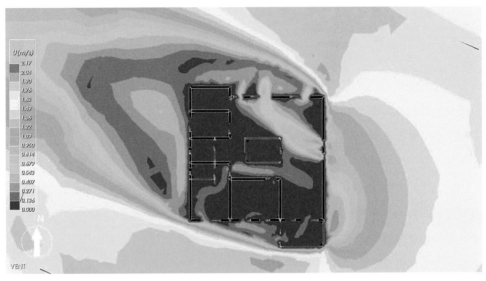

（a）

（b）

图 3-9   T&A House 夏季风速云图（a）、表面风压云图（b）

图片来源：苗舒康模拟分析

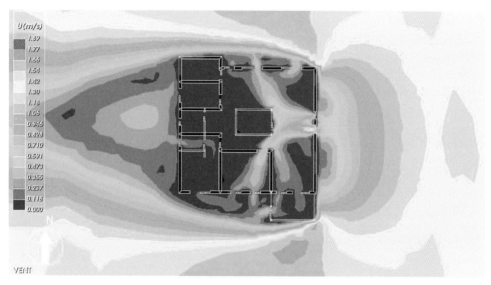

（a）

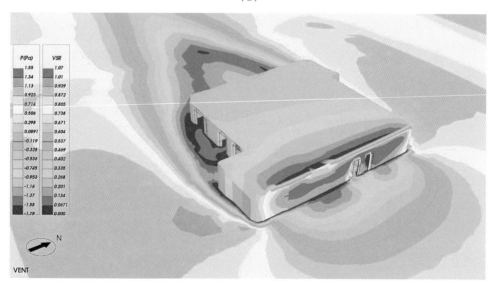

（b）

图 3-10 T&A House 冬季风速云图（a）、表面风压云图（b）
图片来源：苗舒康模拟分析

3.2.1.2　结构专业协同设计流程

在乡村统建住宅结构专业协同设计过程中，结构工程师对单体建筑进行基础设计计算、弹塑性分析和荷载计算，结构工程师内部自校校审后，结构专业与其他专业进行互相提资，并根据各专业的设计方案和项目的荷载信息等设计参数，在结构方案模型的基础上，进一步搭建结构设计模型。主要分为以下三个步骤完成：

1）加载 BIM 建筑模型

在结构设计过程中，结构的主体构件始终要围绕建筑模型构建，以不影响建筑的艺术效果和使用功能为基本准则。基于BIM核心建模软件Revit的可视化特点，可将建筑模型和方案设计的CAD文件通过导入或链接的方式加载到新建的结构样板中，如图3-11所示。

图 3-11　建筑模型与 CAD 链接

图片来源：乔楠绘制

以T&A House为例，新建项目以结构样板为样板文件，将建筑模型导入结构样板文件中。在结构样板空间中导入的其他专业模型将无法修改，但通过识图可见性设置可以控制导入其他专业模型的显示来作为结构方案布置的参照，如图3-12所示。

图 3-12　视图可见性设置面板
图片来源: 乔楠绘制

2）布置受力构件

在BIM平台中，结构工程师根据建筑师提交的建筑初步模型布置竖向承重构件、水平构件和竖向抗侧力构件，利用建筑模型作为参照可以减少结构构件与建筑构件的碰撞冲突。

3）检查模型并导入有限元分析软件

在BIM核心建模软件中将结构模型完成后，需要合理选择结构有限元计算软件进行试算。基于BIM平台数据共享的特点，选择BIM平台中的结构有限元分析软件应基于以下两点：

a.具有对应BIM核心建模软件的数据交换接口。结构模型中的几何尺寸、荷载工况和边界约束条件等可以通过直接或间接方式转换成结构有限元软件作为分析数据，可以避免在结构分析软件中重复建模。这种数据传递方式可以提高结构设计过程中结构分析的效率。

b.结构有限元分析软件可以将经过计算分析调整后的模型反馈到相应的BIM核心建模软件中，以便对原始模型进行更新或修改。

3.2.1.3 MEP 专业协同设计流程

给水排水工程师对单体建筑进行水量计算、管网布置和水力计算，完成自校校审并在专业间相互提资的基础上建立给水排水初步BIM模型，模型可以工作集模式进行协同整合，基于BIM分析模拟软件进行建筑水力模拟分析。

给水排水专业由于其自身专业的特殊性，在设计的过程中除了绘图之外，还要向结构专业提荷载、向建筑专业提洞口尺寸、向机电专业提用电负荷等，这样就更加显示了BIM对于给水排水专业的巨大帮助。

本专业的设计协同工作可以建立中心文件，分配设计人员工作，各设计人员编辑中心文件副本，设计完成之后与中心文件同步。其他专业设计人员可以链接中心文件获取所需要的图纸。所有的信息都在模型中汇总，甚至当水专业的设备参数修改之后，其他专业的数据计算可以实时更新。

在暖通工程师对单体建筑进行采暖设计计算、通风设计计算、空调设计计算和节能设计，完成自校校审并在专业间相互提资的基础上建立暖通初步BIM模型，模型可以工作集模式进行协同整合，基于BIM分析模拟软件进行建筑热舒适性模拟分析、气流组织模拟分析和能耗模拟分析。

可利用软件检查暖通模型中风管、水管、设备之间的管道是否交叉，管线是否相连，管线的系统类型是否正确，是否有断开的管道。遇到风管交叉时，可以在剖面图、三维视图中进一步检查修改。为确保施工图的准确性以及由于三维视图的直观表达特点，应在三维视图中逐层调整。

机电工程师对单体建筑进行照明计算和负荷计算，完成自校校审并在专业间相互提资的基础上建立机电初步BIM模型，模型可以工作集模式进行协同整合，基于BIM分析模拟软件进行建筑用电量模拟分析和能耗模拟分析。

机电专业的施工图绘制除了和建筑、结构专业的配合之外，更多的是解决机电专业内部的管线碰撞。及时地通过机电专业的内部配合、机电和水暖专业的配合来解决一些相关问题，是机电专业的协同设计师将BIM技术应用到实际工作的特点之一，可以提高各专业的绘图准确性，及时地解决管线综合问题，避免重复性返工，提高施工的质量。

3.2.2　专业间协同设计流程

在初步设计阶段通过对场地设计中的协同、住宅布局与形态设计中的协同、住宅形体与可再生能源利用的协同和住宅室内舒适性设计中的协同四个方面的协同方法进行研究，如图3-13所示，以探索在乡村统建住宅初步设计阶段，各专业人员基于BIM软件之间是如何协同合作完成设计任务的。

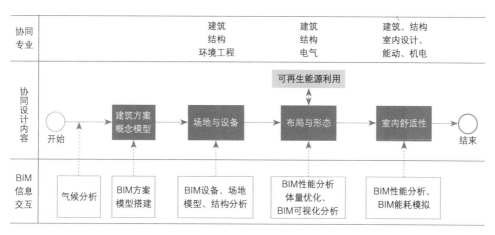

图 3-13　初步设计阶段专业间协同流程

图片来源：芮阅绘制

3.2.2.1　场地设计中的协同

住宅设计在场地设计中需要考虑实用性能以及建筑本身与场地结合的美观需求，如建筑与场地之间相互融合或突出对比。场地设计中的复杂性和特殊性往往需要多个专业的协作，传统设计方式可能会导致很多问题无法预判，也无法迅速提出解决方案，BIM技术的应用则为解决这些问题提供了很好的技术支撑。

乡村统建住宅场地设计协同流程如图3-14所示，需要建筑、结构和环境工程（简称"环工"）三个专业合理分配、协同完成。在建筑专业对场地进行初步规划的基础上，结构和环工专业通过对场地的分析形成各自初步的设计方案，并将其反馈给建筑专业进行初步协同。建筑专业根据反馈对场地规划进行调整与深化设计，并再次进行专业间协同直至协调审核通过。

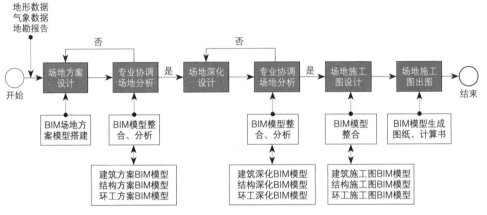

图 3-14   场地设计协同流程图

图片来源：芮阅绘制

在场地设计初步协同阶段，各个专业只需提供初步的设计方案和估算结果。建筑专业首先利用BIM软件对场地内的原始地形进行建模与初步分析，包括场地的高程、坡度、跌水等分析，借助软件分析结果可以对场地的特点和限制条件进行预估，从而初步规划场地，划分各功能布局、确定大体建筑体量并组织合理的交通流线和道路布置等。与此同时，结构专业根据地形资料与地勘报告对住宅的地基方案进行计算与初步设计。

在乡村统建住宅的场地设计中还需有环境工程人员的介入，主要对住宅的雨水、污水、给水排水系统进行初步设计。环境工程专业通过资料的查阅与统计，对该地区的雨水水量和水质进行分析，并根据建筑专业提供的场地设计方案对住宅的雨水回用处理工艺进行初步设计，并大致估算构筑物尺寸和设备布置方式。

在深化协同阶段，BIM模型细度应满足阶段设计交付要求，各个专业需要协同完成场地不同功能区的具体尺寸、住宅地基的具体结构方案、设备构件具体尺寸及定位信息，确定管网系统与场地景观方案。

最后，各个专业在协同完成 BIM场地模型建立后，需要对场地信息进行完善，导出专业模型、图纸及相关说明书。各专业协同内容见表3-1。

场地设计中各专业协同内容

表 3-1

协同专业	协同内容		
	初步协同设计	深化协同设计	成果导出
建筑专业	场地现状分析、 场地设计、 配套设施设计	优化平面布置、 场地景观优化	专业出图
结构专业	场地勘测	基地设计	专业出图、 编制说明书
MEP专业	降水量分析、 污水处理工艺比选	污水处理工艺比选优化	专业出图、 编制说明书

表格来源：芮阅整理

3.2.2.2 住宅布局与形态设计中的协同

在乡村统建住宅设计中，进行布局与形态设计时可以考虑利用被动式设计策略来提高建筑性能，使住宅的布局和形态达到最理想状态，从而提高住宅的节能效率。而为了响应当前双碳目标，在此阶段也需同步考虑可再生能源利用形式对建筑形态的影响，这些是在以后的深化设计阶段中很难调整的。

住宅的布局与形态设计中的协同要点见表3-2，这一环节主要由建筑专业参与设计与协调。建筑专业人员根据准备规划阶段的气候条件、新农村住宅现状分析等进行住宅的布局考量，搭建 BIM 初步模型，通过性能分析软件对住宅形态和体量进行优化。而对住宅形体与可再生能源之间的协同设计则会在下一节中具体研究。

在住宅布局与形态设计中首先需要对住宅的布局进行确定，住宅的布局与采暖和空调能耗有关，对建筑节能效率有一定影响。常用的住宅布局形态可分为线型、紧凑型和分散型。线型布局有利于空间流动性的发展，但是均匀的宽度导致功能适应性不强，且流线单一。在紧凑型布局中，或者功能空间在四周，服务核心在中间，形成围绕式布局；或者服务空间北置，功能单元南置，形成相对式布局。紧凑型布局大都具有较好的保温性能，所以在寒冷地区的使用率较高。分散型布局有利于形成良好的通风采光条件，可以灵活布置并适应复杂地形，大多与庭院结合，通常在炎热地区或地形复杂地区使用较多。在具体布局选择时，建筑设计人员应分析当地气候特征、地形条件等信息，再在BIM 建模软件中搭建符合节能需求的初步方案模型。

住宅布局与形态设计中的协同要点　　　　　　　　表 3-2

协同内容		BIM辅助设计内容
布局与形态	布局	BIM方案模型搭建
		朝向分析、日照分析、风环境
	形态	体量优化
	可再生能源	能源利用形式模拟、效益估算
		BIM模型修改完善

表格来源：乔楠整理

初步的住宅形态一般可由建筑设计人员运用经验法则得出，随后，设计人员需确定该形态在场地中的理想朝向。理想的朝向应该满足不同季节室内的舒适性要求，如使住宅具有良好的通风和采光条件，使住宅能够高效利用太阳能资源从而减少空调、火炕等不利于节能环保的制冷、供暖设备的使用。建筑设计人员可利用BIM性能分析软件对住宅的最佳朝向进行模拟，如在Ecotect软件中可直接获取住宅所在地区的最佳朝向作为参考。根据具体的住宅布局，朝向的选择很大程度上还与日照和风这两个因素有关，这就需要将体块模型导入性能分析软件中对住宅的日照辐射和风环境进行模拟。

3.2.2.3　住宅形体与可再生能源利用的协同

在乡村统建住宅中的可再生能源利用包括太阳能、风能、地热能等形式。由于我国太阳能资源丰富，约2/3的地区年太阳辐射强度均超过1388.89kWh/m^2，年日照时间均超过2200h，且太阳能技术发展较为成熟，因此，在乡村统建住宅的能源技术中，通常利用太阳能光伏系统和光热系统来为住宅提供电能、供暖与生活热水。

当进行建筑光伏一体化设计时，光伏组件可与建筑的屋面、墙体、阳台、遮阳设备、雨篷、幕墙、门窗等部位相结合充当围护结构，所以其利用形式与建筑形体设计之间有着密不可分的关系，在设计时需要机电专业提出合适的光伏系统方案，再与建筑、结构专业协同深化。在一些设计中通常将光伏组件安装在南立面或窗户上，然而过多的光伏组件会破坏建筑的自然采光，因此，光伏组件的材质选择也至关重要。目前常用的光伏组件有单晶、多晶、薄膜等，半透明的彩色薄膜光伏也为住宅的美学提供了更多可能性。

在太阳能光热系统中，有真空管太阳能热水器和平板太阳能热水器两种主要类型。前者因其效率高、成本低而使用更为普遍，约占我国太阳能热水器市场份额的88%[2]。此外，"V"形槽太阳能热水器和两相闭式热虹吸系统的整体热性能也较为突出，具有较大的发展前景。太阳能光热系统可与围护结构相整合以节省安装面积，同时，也能提高围护结构的保温性能。在方案生成阶段，需要设备专业从太阳能利用角度出发，提出其对住宅形体和结构的要求，并根据实际内容具体沟通。

在协同设计方法下，住宅形体与可再生能源系统的结合不能仅仅是将设备与住宅部位相叠加，也不能为了满足美学要求而牺牲性能，这种协同设计应是一种以发挥住宅节能与太阳能性能最佳化为目的的综合技术手段，是建筑与技术的有机集成。这种协同设计涉及建筑形体、结构构件和能源设备等多种要素，需要建筑、结构、机电和设备专业人员共同参与设计。

各个专业在住宅形体与太阳能能源结合的初步协同设计和深化协同设计中均有相应的分工任务（表3-3）。

建筑专业人员主要负责建筑光伏/光热一体化的设计，旨在将光伏组件、集热器与建筑形体更好地结合。

住宅形体与太阳能能源结合设计中的协同内容   表 3-3

协同专业	协同内容		成果导出
	初步协同设计	深化协同设计	
建筑专业	建筑形体设计、确定光伏组件布置方式、确定光热系统布置方式、初选光伏材料的种类和色彩	建筑形体深化、细化光伏组件布置位置、细化光热系统布置位置、建筑光伏一体化设计	专业出图
结构专业	初步确定光伏组件和光热系统的支撑方式	优化光伏组件和光热系统的支撑方式、确定构件位置、荷载计算	专业出图、编制结构计算书
机电专业	太阳能辐射资源分析、家庭用电量分析、光伏系统方案比选、预留设备空间	确定光伏组件尺寸及位置、管线布置、设备尺寸及定位信息、仿真分析系统性能	专业出图、编制说明书
设备专业	气候分析、光热系统方案比选、光热系统面积估算	确定光热系统尺寸及位置、连接方式、确定零部件选型及尺寸	专业出图、编制说明书
工程管理专业	—	光伏/光热系统的成本估算、光伏发电的收益估算、光热系统集热效益估算	编制成本说明书

表格来源：芮阅整理

机电专业人员主要负责光伏系统的设计，包括初步阶段的太阳能资源和家庭用电量调研，并与建筑专业相协同提出多种光伏系统方案，在深化阶段，机电专业人员需要深化光伏组件的设备尺寸、定位信息和管线布置等内容。

设备专业主要负责光热系统的设计，需通过气候分析进行方案比选，与建筑、结构专业协同确定光热系统的安装方式，并对其设备、构件的具体尺寸进行深化。

结构专业人员需要通过专业间协同，计算光伏组件和集热器的荷载并确定支撑方式，确保结构和组件安装的安全性。

在乡村统建住宅项目中，在进行光伏、光热系统设计时，还需有专业的工程管理人员对其成本与收益做出评估。这些专业在住宅形体与能源设计中是相互关联的，一个专业做出设计变更，其他专业都会相应受到影响，所以应让能源设计人员在方案生成阶段就介入设计，并在设计中强化专业间的协同。

在住宅形体与可再生能源利用的协同设计中，各专业基于同一BIM平台，运用BIM建模软件与分析软件进行专业间的协同修改。例如，机电专业人员可利用Ecotect等性能分析软件对场地全年太阳辐射量和日照情况进行模拟分析，并将模拟结果与建筑专业共享，共同探讨光伏方案。同时，机电专业还可运用 PVSYST等光伏系统分析软件确定最优的光伏组件朝向和倾角，并在确定光伏组件选型后计算出该系统的年发电量和经济效益等数据，为最终太阳能光伏系统的设计定型提供模拟依据。

3.2.2.4　住宅室内舒适性设计中的协同

在乡村统建住宅初步设计阶段，应考虑将被动式节能策略与主动式技术共同融入建筑设计中，以保证室内舒适性并降低建筑能耗。住宅的室内舒适性包括热舒适性、视觉舒适性、声学舒适性和室内空气品质等。在住宅方案生成阶段应首先考虑利用被动式节能策略实现节能效果最大化，从而减少住宅能耗。

在以被动式技术提高住宅舒适性的设计中，受到开窗形式、遮阳装置、围护结构性能和建筑气密性的多重影响（图3-15），因此，在设计前应先对当地的气候条件和住宅能源消耗模式进行系统分析与确定，对各因素进行协同设计，寻求最佳效果下的设计平衡点。

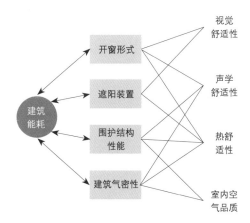

图 3-15　被动式设计与住宅舒适度间的协同要点

图片来源：芮阅绘制

以被动式技术改善住宅室内舒适性的具体的协同内容见表3-4。在初步协同阶段，主要是对开窗形式、围护结构等进行初步设计，并通过模拟分析确定最佳参数。在深化协同阶段，各阶段需细化开窗形式和围护结构设计，与主动式技术、可再生能源利用相结合以达到最节能、最舒适的状态。

住宅室内舒适性设计中的协同内容　　　　　　　　　　　　　　　表 3-4

协同专业		协同内容		
		初步协同设计	深化协同设计	模拟分析
建筑 结构 设备 机电	开窗 形式	窗墙比、太阳增热系数、开孔范围及位置	窗户位置和详细构成、电力照明补充自然采光、新风系统补充自然通风	自然采光模拟分析、自然通风模拟分析、室内声环境模拟
	遮阳 设备	窗墙比和玻璃性质、太阳增热系数、遮阳形式、遮阳范围及位置	遮阳设备位置及详细尺寸、与智能控制系统协调的控制策略	自然采光模拟分析、自然通风模拟分析、
	围护 结构 性能	遮光涂料及玻璃窗部分的U值、材料选择	围护结构详细构成	室内舒适性模拟、室内声环境模拟、建筑气密性计算、单位面积热负荷计算
	建筑 气密性	外围护结构连接构件	外围护结构连接构件、饰面材料	建筑气密性计算、单位面积热负荷计算

表格来源：芮阅整理

3.2.3　专业与非专业协同

在初步设计阶段，专业人员、政府、村民和施工方可在BIM平台上以只读模式进行资料阅读并提出修改意见。由于各工作集对在其下创建的构件拥有所有权，其他人无法轻易更改，当一个用户需要对另一个用户所拥有的构件进行修改或者删除时，需要向对方发出请求，因此，政府方也可以在被用户批准后修改模型，请求者删改完成后再归还权限。

3.2.4　初步设计阶段协同设计流程总结

工作集的协同方法在协同设计中避免了各专业的设计缺陷，模型整合的过程则将传统流程中各专业审核图纸的过程提前到初步设计阶段，各专业人员会在此阶段进行多次交流，设计中出现的专业间碰撞问题在初步设计阶段就可以在建模的过程中得到初步解决。

在初步设计阶段，大量的工作会集中到族在模型中的建立和族在二维图纸中的表达，各专业对协同信息的读取会深入到对建筑构件族中参数数据的读取。条理清晰的族也可以为后期的出图和统计带来便利。

3.3　深化设计阶段

3.3.1　模型深化

3.3.1.1　暖通空调系统设计中的协同

暖通空调系统是集合制冷供暖、空气调节、保湿除湿等功能的综合设计，是一种主动式室内环境调节装置。作为住宅中能耗较大的系统，暖通空调的设计需要与可再生能源相结合，确定合理的空调方式，优化能源系统、冷热能回收系统，最大限度降低能耗。

暖通空调系统中的新风系统由新风机、管道和通风口组成，可以保持室内空气新鲜、回收室内温湿度、清除有害气体，满足室内制冷和采暖的要求，减少对能源系统的使用，从而使能耗接近于零。

在新风系统的设计中，高效的新风热回收系统必不可少。为了使新风系统的价值最大化，设计时应考虑与可再生能源结合，释放更大节能潜力。如在太阳能资源丰富的地区，可将太阳能集热器与新风热回收系统相结合，通过激活太阳能来补充热量，并且为了防止在环境温度较低的情况下热回收机组上结露或结霜，可以使用太阳能集热器对机组进行预热，从而获得更好的性能。Sun研究了西宁太阳能新风热回收系统的可行性，最终得出每户安装$4.7m^2$太阳能集热器，一年可节约能源1117.26kWh。

可见，在乡村统建住宅协同设计中，暖通空调系统的设计不仅是暖通设计人员内部的事

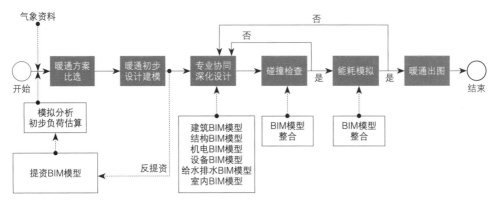

图 3-16   暖通空调系统协同设计流程图
图片来源：乔楠绘制

情，在设计中应与其他专业合作利用太阳能等可再生能源进行能量补充，既降低了住宅能耗，又提高了可再生能源的开发利用率。基于BIM的暖通空调系统协同设计流程如图3-16所示。在整个设计过程中，各专业基于同一BIM平台，专业间通过模型信息的协同相互提资，及时修改调整，实现更高的设计效率。

在开始设计之前，暖通设计人员需要根据当地的气候条件考虑暖通空调与可再生能源的结合形式，以确定住宅的暖通系统。如在严寒和寒冷地区，可利用风洞技术和太阳能对新风进行预热；在炎热地区可利用风洞技术对进入热回收单元的新风进行预冷，实现节能。

在建筑方案生成阶段，并不会涉及暖通空调系统的详细工作，但是设备专业需要在住宅设计过程中考虑暖通系统的运行策略，并与其他专业共同讨论，初步确定暖通方案。在这一阶段，能源动力专业可根据上游专业的修改实时进行方案调整，即可根据建筑专业搭建的体量模型进行初步能耗模拟与冷热负荷估算，并对能源消耗特性进行分析，根据计算结果进行方案的节能性与经济性比选，以确定最合适的暖通系统。

在BIM建模初期，暖通专业应先进行管线预综合。通过专业内部以及与建筑、结构、室内、机电、景观等专业之间的协同，共同确定机房设备布置以及在允许利用的管线空间内确定管线排布方式。暖通专业人员可基于BIM软件与其他相关专业进行模型协同，进行管线碰撞检查，避免因设计孤立所导致的暖通系统与建筑墙体、结构、室内家具或其他管网系统之间的碰撞，减少后期修改的工作量。

暖通空调系统建模可借助BIM相关插件实现一定程度上的自动布置及尺寸确定。完成相关建模后需进行能耗分析和负荷计算，可运用建模软件（Revit）自带的计算功能进行计算，也可将模型按照gbXML格式导出，再导入其他模拟软件中进行计算，常见的BIM软件见表3-5。在满足本专业设计功能需求的前提下，应尽可能选择与其他专业格式互通的建模软件，以保证数据传输的完整性与便利性。

暖通空调建模、分析 BIM 软件　　　　　　　　　　　　表 3-5

BIM建模类软件		
软件公司	软件名称	应用
Autodesk	Revit	设计建模
Bentley	AECOsim Building Designer	设计建模
鸿业	HYMEP for Revit	设计建模
广联达	MagiCAD for Revit	设计建模
BIM分析类软件		
软件公司	软件名称	应用
Autodesk	Revit	性能分析 负荷计算
Bentley	AECOsim Energy simulator Hevacomp	能耗 水力、风力、光学
ANSYS	Fluent	风力
IES	Apache Loads Apache HEAV Apache sim MACRO Flo	冷热负荷 暖通 能耗 通风
鸿业	HYMEP for Revit 鸿业负荷计算	机电 负荷计算

表格来源：李云贵. 建筑工程设计BIM应用指南[M]. 2版. 北京：中国建筑工业出版社，2017，乔楠改绘

3.3.1.2　能源系统设计中的协同

要实现不同气候区域的建筑节能目标，就必须充分考虑当地资源的可用性和可接受的可再生能源利用形式。目前，在住宅类设计中开发太阳能、地热能和风能具有巨大的潜力[3]。在我国，一般通过光伏系统和光热系统来开发和利用太阳能；地热能支持基于热泵技术的建筑能源系统；而风能主要用于发电，一般用于高层建筑。

太阳能光伏发电系统产生的电能可用于暖通空调系统、照明和其他电器设备。在进行光伏发电系统的设计时，首先需判断住宅电能利用类型。若采用连网类型，则住宅的一部分电能由光伏板提供，经过太阳能发电交换器、电池、变流器，最终为家用电器供电。当光伏系统不能满足用电需求时，可由电网进行供电满足日常电力使用。若采用离网类型，则住宅的全部电能都需由本体能源提供。

太阳能光热系统主要为住宅提供生活热水。太阳能光热系统主要由集热器、储热箱、热交换器和分布式系统组成，冷水通过PV集热板和电阻加热后传输到储水箱，再由水管系统为家庭生活提供必要的热水。能源系统的协同设计流程如图3-17所示，在前文的研究中已得知，在方案生成阶段，机电与设备专业需要根据当地气候特征、能源利用情况和建筑方案设计提出适宜的能源利用方案，并与建筑、结构专业充分交流，平衡光伏系统与住宅结合的审美、舒适和利用效率的要求。

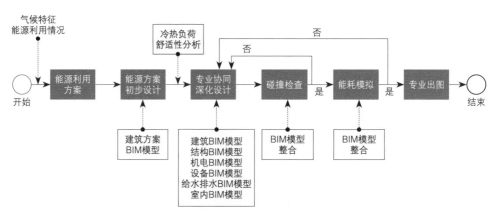

图 3-17　能源系统协同设计流程图

图片来源：乔楠绘制

而在深化阶段，则需通过对冷热负荷、电气负荷和舒适性进行分析后，对能源系统进行细化，在这一阶段通常需要建筑、结构、机电、设备、给水排水专业的共同参与（图3-18）。

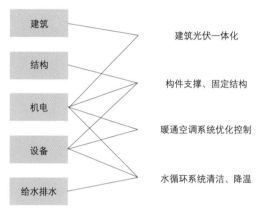

图 3-18 能源系统专业协同内容
图片来源：芮阅绘制

建筑专业需与机电专业对建筑光伏一体化设计进行深化与细化，可基于BIM对住宅外围护结构进行进一步分析，使之与光伏组件集成达到最佳的性能效果。

结构专业需根据具体的能源系统构件、设备提出支撑结构或固定结构等方案，以确保能源系统能与住宅结构相适配。如对集热系统的支撑结构提出建议并进行构件设计。

设备专业需把暖通空调系统与可再生能源利用的具体形式合适地集成在一起，通过BIM软件进行模拟仿真，一起完成优化控制。光伏组件的温度对发电效率影响很大，光伏模块温度每升高1℃，发电量将下降约0.52%。一般来说，光伏组件只能将一小部分太阳辐射转化为电能，大部分则被反射或浪费为热量，热量会使光伏组件温度升高进而导致功率降低。所以，在光伏系统的细化中，机电专业人员需与水处理人员进行管线与水箱设备等的协同，利用水循环为光伏组件降温与清洗，从而提高光伏效率。

在能源系统设计中，需要利用模拟软件在负荷计算的基础上进行系统能耗的计算以及系统优化。在这一领域，TRNSYS 软件具有很大的优势。TRNSYS中丰富的集热器模块、光伏组件库、垂直地埋管模型，以及如逆变器、蓄热设备等辅助模块，能够方便用户选取，大大降低模拟难度。

在未来的乡村统建住宅设计中，多能量耦合系统将会是重要的发展方向，如太阳能可以与地源热泵和空气源热泵系统相结合，以提高能源效率；亦或是太阳能集热器、地源热泵与低温供热系统和高温制冷系统相结合，实现更高效的供热和制冷。这也对能源系统设计中的专业协同度提出了更高的要求，要求各专业协同实现。

3.3.2　碰撞检查

在乡村统建住宅的设计中，碰撞检查是保证建筑完整性、正确性的重要方法。基于BIM 的多专业协同碰撞检测不仅能处理好传统碰撞检查中的问题，还能提高设计效率，为各专业协同实现零能耗目标提供技术支撑。首先，面对参与专业多、沟通难问题，BIM 碰撞检查可以同时综合多个专业模型进行检测，及时反馈结果，共享修正模型，避免重复劳动，减少工作量；其次，面对设计繁复、碰撞检测频繁问题，BIM 碰撞检查具有实时性，能在任意阶段进行碰撞检查，时间短、效率高；再者，BIM 碰撞检查是基于计算机的三维空间检查，能有效避免遗漏和疏忽，良好地衔接设计与施工，减少返工、节约成本。

在基于BIM 的乡村统建住宅碰撞检查中，各个专业需要进行建筑结构、构件、管网、设备和室内家具之间的碰撞检查，需要检测的种类较多，这就要求各专业在建模时按照统一的标高进行精确建模，空间精确度越高，碰撞检测的准确性越高。各专业协同碰撞检查流程如图3−19所示。

3.3.2.1　碰撞检查流程

碰撞检查是指在项目开始之前审查各专业图纸，找到专业间碰撞的部位并进行修改，以防止在施工过程中返工。碰撞检查通常应用于给水排水、暖通、机电等专业图纸中，用

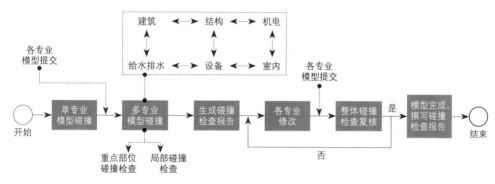

图 3-19 协同碰撞检查流程图
图片来源：芮阅绘制

来防止构件与管线、管线与管线发生碰撞。在乡村统建住宅工程项目中涉及专业较多，在设计阶段协同过程中难免不足，往往会产生专业间的碰撞问题。

利用BIM应用软件Navisworks Manage将建筑、结构、MEP等专业模型进行整合链接，可快速检测各专业模型间的碰撞情况，准确地输出所有的碰撞结果，能针对性地对碰撞部位进行优化，从而减少设计失误，提高图纸质量。不仅如此，在项目施工前能查找并纠正设计错误，可减少返工，避免工程出现工期延误、资源浪费及经济损失等后果，提高施工效率。因此，在项目中进行碰撞检查十分必要。

将Revit中建好的乡村统建住宅单体建筑各专业模型导出为NWC格式，然后附加到Navisworks Manage中，点击运行Clash Detective（冲突检测）按钮，选择需要检查碰撞的模型，例如：建筑与结构、机电与结构等。Navisworks中的碰撞检查功能主要分为软碰撞和硬碰撞两类：软碰撞为间隙碰撞，设计师可以通过设置碰撞距离，进行间隙检查，防止出现距离、净空不足等现象；而使用频率较高的是硬碰硬，通常用来检查管线间的碰撞问题。选择碰撞选项中的"硬碰撞"，设置好参数信息，点击运行测试，检测结果会以碰撞报告的形式呈现，双击碰撞报告中的碰撞点名称，可在模型中高亮显示碰撞点的位置和发生碰撞的构件，在Navisworks 中单击"返回"按钮，可以直接返回 Revit 中修改碰撞构件，修改之后再切换到Navisworks，单击"刷新"按钮，重新运行碰撞测试，会显示碰撞点已解决。以此类推，直至实现"零碰撞"。如图3-20所示，为某碰撞检查的示意图。

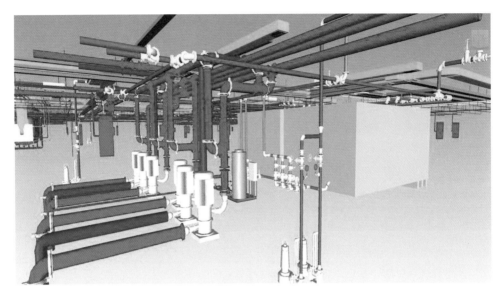

图 3-20　BIM 碰撞检查示意图

图片来源：网络

之后根据实际碰撞情况分别采取调整管线高度、变更管道走向、在碰撞处增加弯管等方式进行协调。据调查，一个碰撞部位的变动需要耗费部分管道材料、连接构件以及工时，其增加的材料费、人工费等费用大约为 350 元，由此估算此次模型碰撞检查可为项目节约的成本。表3-6列举了针对部分碰撞点的优化处理方案。

由此看来，在深化设计阶段进行管线碰撞检查并加以优化十分必要。在乡村统建项目中，通过Navisworks Manage 软件进行各专业的构件碰撞检查，利用得出的碰撞结果对其进行详细的数据分析，制订合理的方案逐个解决碰撞问题，不仅减少了设计缺陷，提高了设计图纸质量，还减少了返工，节省了施工阶段的经费，有效地控制了项目成本。

3.3.2.2　碰撞检查中的协同

在单专业碰撞中，建筑专业需要负责本专业内门、墙、屋顶等主要构件的搭建和专业内部碰撞检查。结构专业主要负责梁、柱、结构墙、楼板、桁架、基础等结构要素的搭建和专业内部碰撞检查。设备专业主要负责可再生能源利用系统和热力系统的搭建，并对

部分碰撞点的优化处理方案 表 3-6

涉及专业	碰撞点	优化措施
给水排水与结构		预留洞口
暖通与给水排水		空调冷水供水管下移
暖通与结构		空调送风管翻弯

表格来源：乔楠整理

专业内的风管、水管和设备布置进行碰撞检查。机电专业主要负责太阳能光伏系统的搭建和屋内电路的布置，需对专业内的设备及管线进行碰撞检查。环境工程专业需要对雨污处理系统和给水排水系统进行搭建，并对水管和设备等进行专业内碰撞检查。

在完成单专业碰撞检查后，需要整合各专业模型，进行综合碰撞检查。乡村统建住宅设计涉及专业较多，碰撞检查内容也较多，如设备、机电、环境工程专业的风管、水管之间的碰撞问题；各专业管网与结构构件之间的碰撞问题；不同专业间设备的碰撞问题；结构、构件、管网与室内家具的碰撞问题；以及在管网、设备加建完成后住宅门窗能否正确开启问题等。面对如此复杂的碰撞内容，可先进行多专业间的局部和重点碰撞检查。如清洗光伏组件的水管可在设计时及时与屋顶结构及屋面其他管线进行碰撞检查，这种局部提前碰撞检查可以简化后续检查步骤，减少变更。最后再进行整体模型综合碰撞检查。在碰撞检查和后续修改时应遵循必要的碰撞原则，具体包含：小管让大管、风管让水管、无压管线让有压管线等，同时水、暖、电管线应避开风井和梁柱[4]。碰撞检查完毕后形成检查报告提供给施工方，方便后续修改及建造。

目前在BIM碰撞检查软件中，常用的有Navisworks、Revit、Fuzor、橄榄山插件等。其中，Navisworks可以整合多种设计工具的图形数据、三维模型信息，满足多种文件格式的实时审阅，是BIM工作中最核心的可视化和碰撞检查工具。在Navisworks碰撞检查中，还可以利用漫游功能实现动态漫游巡检（图3-21），让所有项目参与者直观地体验并检验住宅的体量、功能布局、材质效果等内容，根据需求提出符合实际应用的修改意见。

图 3-21   动态漫游巡检
图片来源：网络

3.3.3   能耗分析

BIM作为一种建筑信息的载体，将BIM模型应用于建筑能耗分析中，可以最大限度地实现建筑能耗的精确分析。随着各类BIM可持续分析软件的出现和改进，建筑能耗分析的流程得到了很大的简化，建筑能耗分析的精确度也有了很大的提高。这类能耗模拟软件可以对建筑资源消耗、能量消耗以及自身环境性能等方面进行分析[5]。基于BIM的能耗分析流程如图3-22所示。

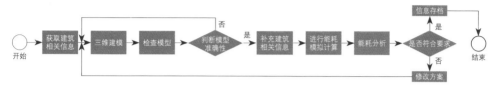

图 3-22　基于 BIM 的能耗分析流程图

图片来源：乔楠绘制

3.3.3.1　能耗模拟协同优化

乡村统建住宅的设计需要将能耗作为判断依据之一加入建筑方案评价体系中。在设计初期就应进行能量模拟，通过建筑方案与能量数值的直接映射关系，帮助设计人员建立对建筑能耗的意识。否则，能源消耗目标仅仅是一个数字，很难对最终设计结果产生真正的影响。再者，将能耗模拟与建筑设计同步进行也是一种对协同设计方法的呼唤。统建住宅是一个复杂的系统，由多个学科的不同层次的子系统组成，为了有效地设计这个建筑系统，需要利用能耗模拟技术提供准确的反馈，帮助设计者直接进行设计优化，形成建筑设计为整体系统、能耗模拟为子系统之一的协同设计方法，以拆除学科之间的壁垒。乡村统建住宅的能耗模拟策略应根据设计不同阶段的特征制订。

在初步设计阶段前期，设计人员应选择对能耗影响较大的参数，根据规范和标准或设计经验确定参数的取值范围，通过敏感性分析进行选择[6]。中期时，建筑设计人员可以在建筑场地布局、体量、围护结构设计等方面与暖通空调系统和可再生能源利用相结合，通过引入热力学或能量流，自由地产生不同的设计概念。后期通过比较各方案的能耗结果来选择性能最优的设计方案。

在深化设计阶段，需要整合所有专业BIM模型对住宅综合能耗进行模拟分析，其具体应用包括：计算建筑的冷热负荷，用于空调设备选型；分析室内环境舒适度，调整性能化设计策略；对建筑进行能耗分析，综合优化总体性能；结合相关标准规范，分析建筑经济性等。

BIM模型能耗模拟计算流程如图3-23所示。在能耗模拟中，需要BIM模型提供相关设计信息，但是完整的BIM模型往往较为复杂，所以需对BIM模型进行简化，但是建筑构件的

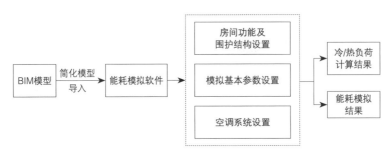

图 3-23　BIM 模型能耗模拟计算流程

图片来源: 芮阅绘制

热工性能参数和空调系统信息则需要在模拟时进行补充完善。另外，模拟时为了得到精确的负荷结果，需要对建筑的使用时间进行设置，增加负荷时间表以便降低模拟软件的工作量。

在BIM能耗模拟软件应用中，目前已经开发了如能源性能分析、二氧化碳排放分析、照明模拟、材料分析和一些建筑综合性能优化的软件。在BIM技术的帮助下，可以使能耗分析判断不仅依赖于围护结构、HVAC系统等单独系统，而是以总体性能作参考来评估各种设计方案对建筑性能的影响，以做出更合理的决策。

用来分析建筑能耗的软件较多，其中比较常用的有：Energy Plus、TRANSYS、鸿业、DOE-2、ESP-r 等，其主要功能见表3-7。

BIM 能耗模拟分析软件　　　　　　　　　　　　表 3-7

软件	特点	具体应用
Energy Plus	热平衡法模拟负荷；逐时模拟，时间步长自动调整；模块化模拟	负荷计算与模拟、墙体窗户等传热模拟、热舒适度模拟、日光照明模拟、空调系统模拟
TRANSYS	模块化动态仿真；源代码开放；能进行建筑三维建模；可调用其他能耗数据	全年逐时负荷计算、全年能耗计算及系统优化、太阳能系统模拟计算、地源热泵系统模拟计算、地板辐射供暖供冷系统模拟计算、电力系统模拟计算
鸿业	谐波反应法或辐射时间序列法；冷热工程数据共享；高效的建筑模型提取生成功能；建筑建模	全年动态负荷计算及能耗模拟分析
DOE-2	传递函数法模拟计算；权系数计算法；顺序模拟法	全寿命周期能源费率结构模拟计算、空调系统及控制策略模拟

续表

软件	特点	具体应用
ESP-r	有限容积法分析方法；集成化的模拟分析工具	能耗模拟、评估建筑声光热及气体排放、可再生能源技术（光伏系统、风力系统）分析
Ecotect Analysis	多元化导入接口；参数化和可视化的建模；地区逐时气象；建筑环境模拟	热环境、风环境、光环境、声环境等建筑环境模拟分析

表格来源：李云贵.建筑工程设计BIM应用指南[M].2版.北京：中国建筑工业出版社，2017，乔楠改绘

3.3.3.2　基于BIM的建筑能耗分析流程

1）BIM模型的建立

BIM建模软件的种类众多，各有优势，Revit系列软件是Autodesk公司研发的一款BIM建模软件，该软件建模方法简单，实用性强。本文选取Revit系列软件对建筑进行建模处理，如图3-24所示。三维模型可以实现任意地缩放，多角度查看以及内部漫游功能，真实地展现建筑各个方面的信息。

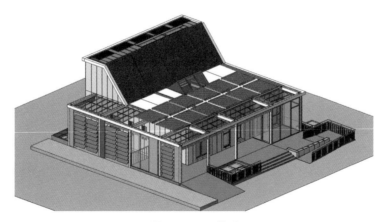

图3-24　BIM模型
图片来源：苗舒康绘制

2）BIM模型与能耗模拟软件数据对接

目前，Ecotect Analysis模拟软件和Revit都属于Autodesk公司，其产品兼容性强，数据信息之间转换顺畅，主要通过gbXML格式和DXF格式进行转换对接。从建模软件到能耗模

拟软件，上述两种格式都可以实现数据信息转换，但以反方向对接转换时只有 gbXML 格式可以实现。

gbXML格式是一个简单的基础模型，DXF格式是含有属性的详细模型。前者的屋顶、墙、窗等构件都是平面，没有厚度，模型导入、导出时，数据会有丢失。后者的所有构件都是有厚度的，是有物理属性的三维模型，因其数据信息量大，在进行模型导入、导出时速度会很慢，但显示效果较好。两种格式主要的应用见表3-8。

gbXML、DXF 格式主要应用　　　　　　　　　　表 3-8

名称	应用
gbXML格式	热、光、声环境分析，环境影响分析，阴影遮挡分析，资源消耗量分析，太阳辐射分析
DXF格式	光环境分析，阴影遮挡分析，可视度分析，环境影响分析

表格来源：乔楠整理

根据已经建好的BIM模型，将模型导入能耗模拟软件中进行分析，以能耗模拟软件Ecotect Analysis为例，在进行建筑能耗分析时，主要是将BIM模型以gbXML的格式导入Ecotect中，gbXML格式文件从Revit软件中导出时，要对建筑信息模型进行修改和处理，主要步骤如图3-25所示。

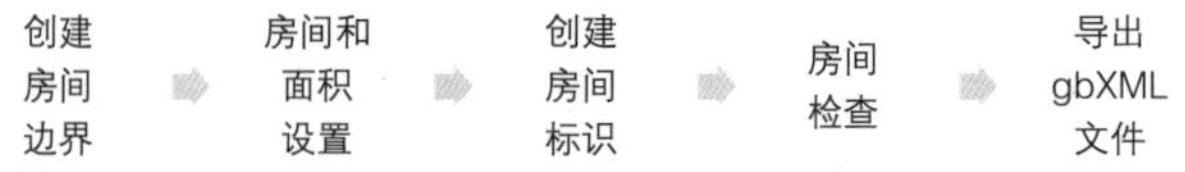

创建房间边界 ⇨ 房间和面积设置 ⇨ 创建房间标识 ⇨ 房间检查 ⇨ 导出gbXML文件

图 3-25　gbXML 格式导出基本步骤

图片来源：乔楠绘制

第一步：创建房间边界。边界可以是墙图元、柱图元、楼板图元、房间分割线等，房间分割线是一种划分空间的手段，默认图元自动划分后，当一些开阔的空间没有图元划分时，就需要借助房间分割线。

第二步：房间和面积设置。以每个房间的墙核心层、中心线、墙面等作为边界，因为体积设置会影响模型性能，所以进行面积设置后创建房间。

第三步：创建房间标识。内容包括名称、面积、编号等，最好使用英文，因为使用中文有可能导致导出模型时出现乱码。当标记房间时房间会显示蓝色高亮区域，如果不显示则有可能是空间划分不完整，有缝隙、不封闭，此时用房间分割线密封后即可完成房间创建，如图3-26所示。

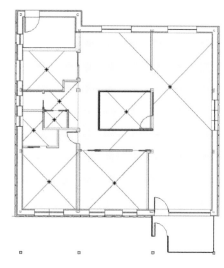

图 3-26 房间划分
图片来源：芮阅操作截图

第四步：房间检查。其检查方法有三种：一是生成房间明细表对应检查；二是用剖面视图法查看偏移高度和建筑高度是否一致；三是生成gbXML格式文件之后，在软件中进行修改。其中，选择第一种方法生成房间明细表检查更为方便，如图3-27所示。

第五步：在准确完成上述四步后就可以导出gbXML格式文件了，如图3-28所示。

模型导入Ecotect Analysis之后，需要对建筑的相关信息进行调整和设置。首先要对BIM模型的围护结构进行设置，包括外窗类型、外墙类型、屋顶类型以及楼板地面类型等。其次对建筑的内扰因素进行设定，包括建筑室内的设计条件、人员与运行设置等。最后，在进行能耗分析之前，需要载入相应地区的气象数据。Ecotect Analysis软件应用的

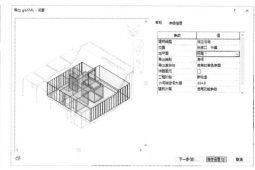

图 3-27 房间明细表
图片来源：乔楠操作截图

图 3-28 BIM 模型导出 gbXML 格式文件
图片来源：芮阅操作截图

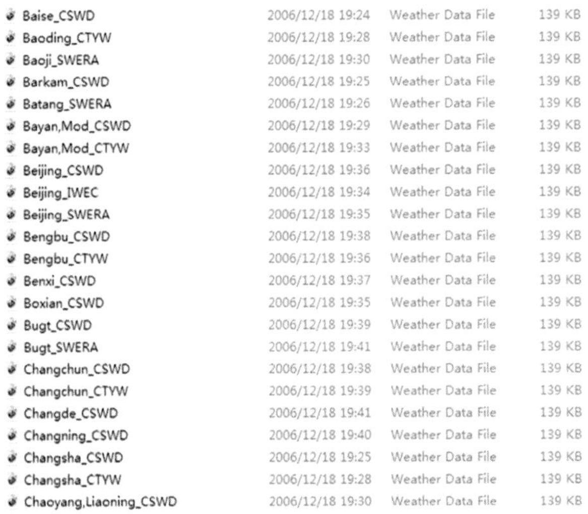

Baise_CSWD	2006/12/18 19:24	Weather Data File	139 KB
Baoding_CTYW	2006/12/18 19:28	Weather Data File	139 KB
Baoji_SWERA	2006/12/18 19:30	Weather Data File	139 KB
Barkam_CSWD	2006/12/18 19:25	Weather Data File	139 KB
Batang_SWERA	2006/12/18 19:26	Weather Data File	139 KB
Bayan,Mod_CSWD	2006/12/18 19:29	Weather Data File	139 KB
Bayan,Mod_CTYW	2006/12/18 19:33	Weather Data File	139 KB
Beijing_CSWD	2006/12/18 19:36	Weather Data File	139 KB
Beijing_IWEC	2006/12/18 19:34	Weather Data File	139 KB
Beijing_SWERA	2006/12/18 19:35	Weather Data File	139 KB
Bengbu_CSWD	2006/12/18 19:38	Weather Data File	139 KB
Bengbu_CTYW	2006/12/18 19:36	Weather Data File	139 KB
Benxi_CSWD	2006/12/18 19:37	Weather Data File	139 KB
Boxian_CSWD	2006/12/18 19:35	Weather Data File	139 KB
Bugt_CSWD	2006/12/18 19:39	Weather Data File	139 KB
Bugt_SWERA	2006/12/18 19:41	Weather Data File	139 KB
Changchun_CSWD	2006/12/18 19:38	Weather Data File	139 KB
Changchun_CTYW	2006/12/18 19:39	Weather Data File	139 KB
Changde_CSWD	2006/12/18 19:41	Weather Data File	139 KB
Changning_CSWD	2006/12/18 19:40	Weather Data File	139 KB
Changsha_CSWD	2006/12/18 19:25	Weather Data File	139 KB
Changsha_CTYW	2006/12/18 19:28	Weather Data File	139 KB
Chaoyang,Liaoning_CSWD	2006/12/18 19:30	Weather Data File	139 KB

图 3-29 气象数据

图片来源：芮阅操作截图

气象数据主要来自中国标准气象数据（CSWD，Chinese Standard Weather Data）和中国建筑用标准气象数据库（CTYW，Chinese Typical Year Weather），如图3-29所示。

对Ecotect Analysis中的模型调整完成之后，可以对其完成能耗模拟分析。Ecotect Analysis可以模拟分析建筑整体的逐月冷热负荷和采暖空调能耗。这些数据可以直接导入Excel表格中，形成清晰的数据表，方便工作人员直观地分析建筑耗能情况，提高整体的工作效率。通过这一系列的流程，我们可以完成对建筑的能耗分析，对于新建建筑，根据分析结果可以指导设计方案，完成节能设计，形成最终节能报告提供给施工方。

3.3.4 深化设计阶段协同设计流程总结

在深化设计阶段，各专业以深化BIM模型、进行检查验证为主。各专业在优化模拟的基础上进一步协同深化专业模型，细化模型以明确构件具体位置、尺寸和材料，并以链接模式将各个专业深化BIM模型整合成一个项目整体模型；基于BIM可视化以及能耗分析软件对项目整体模型进行碰撞检查、经济性验证和节能验证，将报告提交政府以及施工方，便于后续施工前的方案修改。

专业内部可以工作集模式基于同一个BIM中心文件进行协同设计，不同专业间可以根据项目的大小、形体等具体情况选择链接模式或某些专业采用中心文件协同，与其他专业以链接方式协同等模式，而政府和施工方可在BIM平台上以只读模式进行资料阅读并提出修改意见，施工方在这一阶段的参与能使项目后续与施工方的对接更加便捷，项目协同度也更高。

3.4 施工图设计阶段

施工图设计阶段是乡村统建住宅协同设计流程的最后阶段，这个阶段主要进一步深化项目中的技术问题、施工工艺、选材，核查建筑项目相关的规范，建筑在施工过程中的技术问题、工艺做法和用料等。此阶段是项目落地的重要阶段，在审图结束并修正完成后，才能交付政府以及施工方予以施工。

3.4.1 施工图创建及最终模型确定

3.4.1.1 传统设计模式下的施工图创建

传统施工图设计流程下，各专业人员不断地互提条件、打印各专业的设计图纸，项目负责人安排项目组会，进行各专业技术问题的碰撞与对接。在不具备开项目组会的情况下，项目各专业人员在即时通信工具中进行沟通，信息的传递相对杂乱无序，缺乏针对性。施工图准备阶段主要将上一阶段的设计成果进一步深化，协调后开始施工图设计。图审通过后，交付施工单位，如图3-30所示。

3.4.1.2 BIM 模式下的施工图创建

施工图阶段属于整个协同设计流程的后期阶段，是建筑设计工作的重要一环。在目前信息化发展迅速的时代，施工图设计借助BIM技术与原先传统二维施工图设计时期相比发生

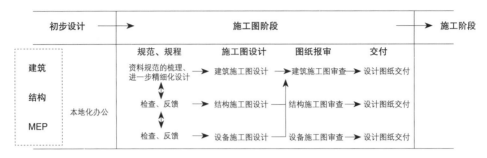

图 3-30　传统设计模式下的施工图创建流程图

图片来源：乔楠绘制

了较大的变化。通过BIM的三维信息模型及相关数据库，可以比传统二维施工图设计更深入、更细致地把项目材料供应、施工工艺、所需设备、施工模拟等具体要求进行展现。基于BIM技术的施工图设计阶段可借助BIM为设计信息搭建载体，将设计信息以数字化、数据库的形式传递而不是传统意义上的图纸模式，因而在建设工程的实际施工阶段，设计信息可以被更快速、直观地搜索、优化与储存。

基于BIM的施工图设计阶段根据已由政府批准的设计方案，通过详细的计算和设计，为方便施工方，分建筑、结构、暖通、给水排水、机电等专业编制出完整的可供施工和安装的设计文件，包含完整反映建筑物整体及各细部构造的结构图样。BIM模式下的施工图创建流程如图3-31所示。

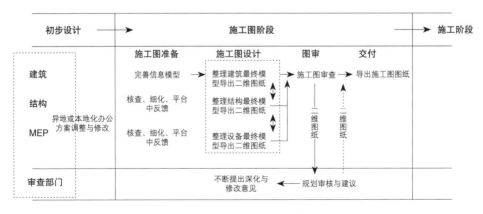

图 3-31　BIM 模式下的施工图创建流程图

图片来源：乔楠绘制

3.4.1.3 最终 BIM 模型确定

各专业在不断深化BIM模型的基础上完善模型,交付政府、村民以及施工方,辅助施工图进行施工,如图3-32所示。

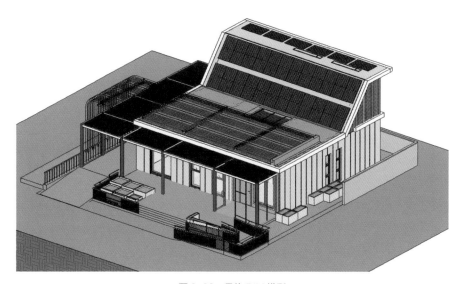

图 3-32 最终 BIM 模型

图片来源: 苗舒康绘制

3.4.2 明细表生成及施工图审查

在材料统计与成本估算前置的传统设计中,材料统计往往需要由设计人员手动完成并制作成设备表。这样的方法相当于给设计人员增加了额外的工作量,且在设计经历了反复修改的情况下,很难保证设备明细表与平面图形成一一对应的关系,从而业主及施工单位无法得到精准真实的统计资料。T&A House团队将设备参数录入到设备族中,并且利用设计模板中预设的明细表模板,轻松获得与模型对应的设备明细表,并将此明细表应用到了工程概算的工作中,在设计阶段快速得到成本的预估算。在此基础上,与竞赛组委会和施工方对材料与设备选型进行协商,控制建设成本。

3.4.2.1　施工图设计文件审查

改革开放后，社会经济发展推动了建筑行业发展，我国城市化进程也在不断加快，呈现出繁荣的景象。然而20世纪末，由于勘察设计监管不力，建设工程发生多起重大安全质量事故，引发了全国对建筑工程安全质量的关注。这促使建设主管部门开始考虑参考国外的相关法律法规，改变以往的监管方式，从而提出了施工图设计文件审查制度。之后该审查制度经过十余年的发展，如图3-33所示。2019年3月，国务院发布的《关于全面开展工程建设项目审批制度改革的实施意见》提出，试点地区要进一步精简审批环节，加快探索取消施工图审查（或缩小审查范围）等，全国各地陆续出台相关政策取消施工图审查。

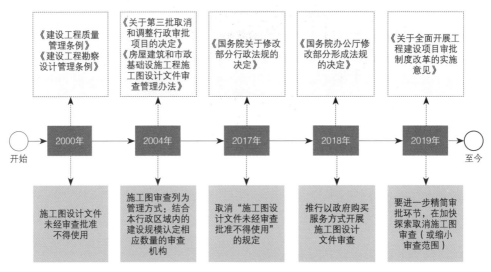

图 3-33　施工图设计文件审查制度的发展

图片来源：乔楠绘制

施工图设计文件审查制度自建立以来，在一定程度上保障了建筑设计质量，推动了建筑设计行业健康稳定地发展，通过对施工图设计文件进行技术性审查可以有效地消除工程建设项目在建筑设计中存在的安全隐患，避免建筑设计违反工程建设强制性标准，有利于维护公共利益和公众安全。其次，可以保证国家标准、规范、政策等在各项建筑设计中落实到位，有利于贯彻政策方针。最后，该制度还可以逐步提高从业人员的设计水平，培养设计单位的质量责任意识，促进建筑设计行业规范发展。

施工图设计文件审查制度建立的初衷为：帮助设计单位质检、排除设计文件问题隐患。随着建筑设计行业产业化的发展，在专业分工细化的同时，两者本为一体的设计工作与审查工作逐渐割裂，在实际工作中也产生了诸多问题。

3.4.2.2　合规性审查

近年来，互联网技术和电子信息技术在审图领域的应用已经逐步开展，比如数字化审查、网络平台一体化建设、上网备案等。全国各地陆续实现施工图设计文件数字化审查，其具有良好的发展前景和潜力。

施工图设计文件数字化审查不但提高了传统的施工图审查效率，而且简化了审查流程，并带来了诸多优势。其一，把纸质版设计文件转变为数字化电子图纸，在报审期间通过互联网进行传输，提高了报审效率。其二，审查专家可以通过一体化的审图平台对设计文件进行审查，线上审查的方式让整个审查工作变得更加顺畅，提高了审查效率。其三，数字化施工图经过审查后，可以通过计算机技术进行电子归档，避免"阴阳图纸"的出现，保障施工图的安全可靠性。

施工图设计文件数字化审查是对传统的施工图审查方式的优化，在数字化审查的影响下，施工图审查的工作也得到了越来越好的发展，提升了勘察设计行业信息化的水平，也为BIM技术探索数字化审查新模式奠定了基础。

1）基于 BIM 的建筑设计合规性审查的工作流程

施工图设计文件数字化审查，通常是指施工图审查机构把审查对象由纸质蓝图变为电子图纸，并结合相关信息技术进行设计文件审查。近年来出现的新型审图技术多面向以电子化的方式辅助于施工图审查流程的管理，本质上并没有改变人工翻阅规范进行图纸审查的审图方式。而基于BIM的建筑设计合规性审查是指，围绕审查的基本业务流程，以建筑信息模型为主要交付物代替纸质文件，充分发挥BIM技术的特性，利用计算机程序对设计文件进行建筑设计合规性审查，快速、全面、准确地检查设计文件中的问题。

基于BIM的建筑设计合规性审查的工作流程为：首先，建立建筑信息模型，该模型可以是BIM正向设计的交付物，也可以是由施工图设计文件重新"翻模"的产物；其次，对建筑信息模型进行适当修改调整，使其在符合交付标准的基础上，便于提取审查过程中所需要的设计信息；再次，对审查中需要使用的标准规范进行转译工作，把便于设计人员阅读理解的设计规范条文转译成便于计算机分析处理的特定表达方式；然后，由专业人员使用计算机编程编写审查程序，对经过计算处理的设计信息与标准规范中的要求进行比对，为建筑设计合规性作出判断，以此完成BIM审查的核心操作；最后，根据审查结果输出审查报告并反馈给设计人员，为后续的修改调整提供参考，如图3-34所示。

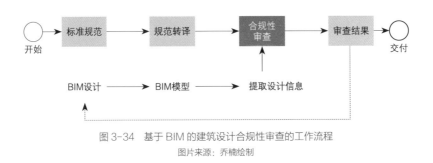

图 3-34 基于 BIM 的建筑设计合规性审查的工作流程

图片来源：乔楠绘制

2）基于 BIM 的建筑设计合规性审查的应用优势

基于BIM的建筑设计合规性审查作为一种新型的审图方式，主要有以下特点。其一，优化了建筑设计合规性审查的模式。以BIM模型为主要审查对象，一方面有利于设计人员对各种设计信息进行表达，也有利于审查人员更快速、更准确地进行审查工作。另一方面可以充分发挥BIM技术的可视化特性，实现在二维和三维的操作环境之间的联动审查，还能根据需求在特定位置处补充模型视图，为审核结果提供更全面的数据支持。因此，在这种模式下，更容易发现设计图纸及模型中存在的设计问题。

其二，强化了建筑信息模型中的信息利用率。在传统的建筑设计模式下，各专业之间的设计信息是以二维图纸进行单项传递。由于专业知识的差异性，图纸中的设计信息往往在传递时存在困难，不能很好地实现设计阶段的数据信息共享，难以保证审查的准确性。由于BIM技术引入了面向对象的数据建模方法，可以清晰地表达构件的名称、类型、各种几何信息及属性信息。而BIM模型作为最全面的交付物，承载了各个设计阶段丰富的设计信息，这些设计信息相比于二维图纸中的设计信息具有更强的逻辑性和关联性，可以更好地服务于审查工作。

其三，提高了建筑设计合规性审查的效率。由BIM模型中的几何信息与属性信息构建的数据库，保证了二维图纸信息与三维模型信息的一致性。进而可以通过使用计算机程序设定适用于某种检查需求的规则条件，运用逻辑运算识别与解析建筑信息模型中的设计信息，针对相应的规则进行自动化评估与检查。当采用计算机人工智能审图时，可以极大地提高审查速度并发现更多设计问题，在一定程度上减轻了工作人员的负担。

其四，强化了质量管理体系。一方面，通过在BIM模型中添加各设计阶段的审查变更信息，可以实现审查工作的全过程记录，确保建设工程质量责任可溯，使审查监管更好地落实到位。另一方面，BIM审查强化了设计与审查人员之间的沟通交流，不但审查人员能够更好地理解设计意图，而且设计人员对审查意见有更加清晰的认识。从而逐渐提升设计、审查人员的专业技术水平，逐步改善和加强建筑设计单位原有的质量管理体系，进而有效地提高设计单位的设计质量和服务水平。

3.4.3 施工图设计阶段协同设计流程总结

在施工图设计阶段主要以确定项目最终模型，进行汇报、对接为主。各专业在不断深化BIM模型的基础上完善模型和图纸以达到施工图要求，以链接模式将各专业最终BIM模型整合成项目最终BIM整体模型；最终按要求进行成果输出和汇报、对接的信息处理。基于BIM的建筑设计合规性审查具有强大的应用优势，可以有效提高审查效率。协同方面，各专业以链接模式整合模型，交付政府和施工方并进行汇报。

3.5　本章小结

基于BIM的乡村统建住宅单体建筑协同设计通过BIM软件和环境，以BIM数据交换为核心，协同专业人员、政府、村民、施工方等各阶段参与人员，取代了传统建筑设计模式中低效的协同工作，打破专业内、专业间、专业与非专业人员间信息传递的壁垒，实现实时多向交流，减轻了设计人员的负担、提高了设计效率。

基于BIM的协同工作模式使各个相关方都能全程参与项目，为乡村统建住宅的"专业统建+乡村自建"模式奠定基础。村民可根据需要在不同时间段在专业统建允许的范围内参与进项目，进行自主建设，同时全程可获得专业指导。这种协同建设模式既保证了乡村统建住宅整体布局和风貌的统一完善，具有专业性和品质保证，又在单体建筑中体现地域性、多元性与乡土性，是适应于乡村发展的建设模式。

参考文献

[1] 王瑞锋. 建筑能耗模拟软件热模型的比较研究[D].北京：北京工业大学，2009.

[2] Zheng Ruicheng，Nie Jingjing. Analysis for Marketization Development Prospect of Large-scale Solar Heating Combisystems in China[J]. Energy Procedia，2015，70：574-579.

[3] Dayao Li，Jiang He，Lin Li. A review of renewable energy applications in buildings in the hot-summer and warm-winter region of China[J]. Renewable and Sustainable Energy Reviews，2016，57：327-336.

[4] 沈维龙. 基于BIM技术的建筑设备协同设计研究[D].南京：南京师范大学，2015.

[5] 钟滨. 基于BIM的建筑能耗分析与节能评估研究[D].北京：北京建筑大学，2016.

[6] Li，Hong. Energy simulation and integration at the early stage of architectural design[J]. Journal of Asian Architecture and Building Engineering，2019，19（1）：16-29.

4

基于 BIM 技术的
协同设计实操

JIYU BIM JISHU DE XIETONG SHEJI SHICAO

乡村统建住宅的生命周期可分为设计阶段、施工阶段和运维阶段，而对成本投入和建筑整体性能影响最大的阶段就是设计阶段。为了保证设计阶段的整体顺利，只有从设计阶段最开始就制订统一的协同设计流程，使多专业共同决策出最佳的技术方案，才能使保证设计阶段的高效性，继而为后续的施工和运营创造最佳的条件。

本章通过某乡村统建住宅建造项目来进行基于BIM技术的协同设计实操讲解，方便各位读者对于BIM技术在协同设计应用方面有更直观的理解。

4.1 方案设计阶段

方案设计阶段是一个项目设计阶段最开始的阶段，关系着整个设计阶段的质量。在方案设计阶段，每个专业的分工各有不同，其中建筑设计占整个工作的主要部分，其工作围绕着现场的三维建模，研讨设计整个建筑的形体、朝向、平面布局等元素，同时与政府、村民进行沟通，方便下一步工作展开。传统设计阶段根据现场施工队提供的地勘报告等内容，通过CAD、Sketch Up（即SU）等软件进行三维建模，使其现场情况能够在电脑中展示并进行浏览，同时进行后期处理等操作，以便各方可以进行方案研讨。本书讲解的协同设计流程相对于传统设计流程在数据交换、后期统筹管理等方面有着很大的优势。例如，在传统设计流程中，SU与Revit数据交换容易发生错误，导致在后续阶段需要重新建模，增加重复工作量；而正向设计减少了数据的转换，使出错的可能性大大降低，同时，正向设计在项目前期对于协同方式的细节进行了规定，提高了接下来各专业之间的交流效率。故此，接下来笔者针对第3章讲解的设计阶段中方案设计阶段的协同设计方案进行实际操作与说明。

4.1.1 项目概况

本次选取的案例项目为徐州市铜山区单集镇八湖村集中居住区建设项目。

铜山区单集镇八湖村集中居住区建设项目即八湖新农村,其住宅建筑分为14个户型,住宅单体建筑总个数为62栋,结构类型为砖混结构。BIM技术是由建筑体本身充足信息构成以支持工程项目管理,并可由计算机应用程序直接解释的建筑或建筑工程信息模型,即数字技术支撑的对建筑环境的生命周期管理。结合智能建造BIM技术对八湖新农村建设规划形成设计、生产加工、施工装配、运营等全产业链融合一体的智能建造产业体系。社区总体规划示意如图4-1所示。本章选取户型一中2号住宅针对第3章讲解的具体协同设计流程依照实例进行详细讲解。

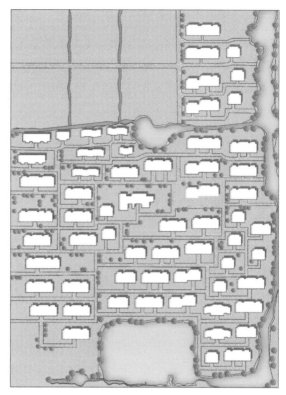

图 4-1　社区总体规划示意图
图片来源: 苗舒康绘制

4.1.2　协同设计模式

对于一个项目,设计阶段往往出现很多的问题,例如各个专业的沟通问题、资料不同步问题等,甚至其中有些问题会给整个项目带来很大的损失,而这个阶段的大部分问题都可以通过选择合适的协同设计模式来进行规避,所以协同设计模式的选取对于整个项目的顺利进行是极其重要的。

八湖新农村作为新型农村建设的典范,其项目特点是体量大、工期短等,因此,BIM技术能在这个项目中得到很好地体现。在项目方案设计阶段,对于其协同设计模式的选择要深思熟虑。

首先，由于各专业要求联系紧密、效率高，各专业之间一定要有一个可靠稳定的协同模式。结合第3章介绍的两种协同模式，充分考虑了专业之间的协同特点，即需要在适当时间进行配合，并不需要实时配合。当上游专业，例如建筑专业，完成了其专业的设计才能够给到下一个专业进行该专业的设计，如果实时配合，建筑专业在修改自己的设计时，其他专业进行实时地更改，就会导致无效的工作量。因此，专业之间的协同模式选为通过链接模型进行协同设计的方式。其次，针对专业内协同，由该专业的BIM技术负责人统一分配任务，需要实时地更新其模型，方便同一专业同时进行实时地更改。因此，采用工作集的方式最为合适。针对这两种模式进行更进一步的划分，具体内容如下。

4.1.2.1　人员组织架构（图4-2）

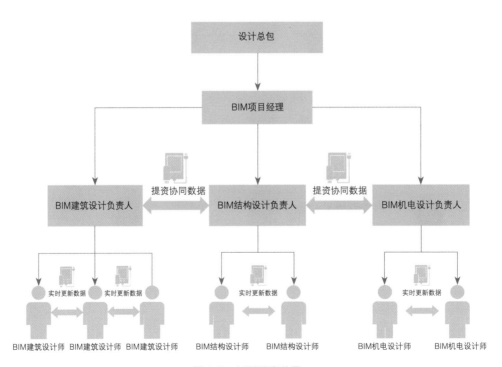

图4-2　人员组织架构图

图片来源：黄心硕绘制

4.1.2.2　设计人员职责

设计总包职责要求：

1）设计总包按照甲方要求完成全专业的BIM模型，完成项目过程中的BIM模型操作和应用。

2）设计总包对最终BIM整体成果进行交底并负责。

3）设计总包要自检BIM模型，满足平台信息全面的要求。

4）设计总包对各分包的BIM工作负有统筹、协调、管理的责任。

5）设计总包可以在本BIM专项要求文件下，负责各分包制定适合各自工作内容的BIM技术标准，由设计总包整合并提交业主审核。

6）设计总包管控下的各分包单位，在设计总包的管理和指导下，依据合同约定，完成相关专业的BIM工作，提供BIM成果，并配合设计总包和施工总包的BIM工作。

7）设计总包要对施工总包深化图纸的BIM模型和竣工模型进行审核并提出审核意见。

8）对设计变更的内容，进行相应BIM模型和信息的更新。

人员职责要求：

1）BIM项目经理：设计方应指定项目总工程师级别管理层人员兼任BIM总负责人，在服务期内管理该参与方的BIM工作，协调、总控项目BIM应用，并指派一名BIM负责人在服务期内管理项目BIM团队。

2）BIM专业负责人：作为设计方BIM应用过程中的具体执行者，负责BIM工作的沟通及协调，定期组织BIM工作会议，按要求出席项目例会、设计交底会等工程会议，特别强调在工程会议中BIM平台的作用。BIM负责人对于由该参与方负责的分项工程需提出要求，负责沟通协调，协助BIM总负责人确保整个项目BIM工作的完整性、准确性、延续性。

3）设计方内部的组织架构和分工，应满足《BIM供方人员相关要求》。

4）设计方有义务对其BIM工作人员进行业务培训。培训的内容包括BIM工作管理与流程、BIM软件使用、BIM与传统工作方式的结合应用、BIM条件下的成果交付与验收等。

4.1.2.3　BIM 设计依据

1）国家相关法律、法规、强制性条文、国家及各行业设计规范、规程、行业条例及项目所在地方规定和标准。

2）《建筑信息模型应用统一标准》GB/T 51212—2016。

3）BIM模型系列标准，模型应满足《建筑信息模型设计交付标准》GB/T 51301—2018。

4）BIM族库系列标准，模型应满足《建筑信息模型施工应用标准》GB/T 51235—2017及相关族库规范要求。

5）BIM模型采用Revit2020版本作为建模软件平台。

6）甲方提供的经确认的编码插件和模型检查插件。

7）BIM模型管线综合标准应满足《管线综合BIM指南》。

8）甲方提供的经确认的项目全专业施工图、全专业标准模型、全专业族库。

9）BIM模型应满足质监管理需求。

10）BIM模型应满足计划管理需求。

4.1.2.4　BIM 设计内容见表 4-1。

BIM 设计内容　　　　　　　　　　　　　　　　　　　表4-1

专业	工作内容	内容描述
建筑	建筑空间	1.需要表达标高、轴网、墙体、门窗、楼梯、扶梯、阳台、雨篷、台阶、车道、管井等所有建筑构件尺寸信息； 2.需要表达天窗、地沟、坡道等其他建筑构件尺寸信息； 3.需要表达固定家具、卫生洁具、水池、台、柜等固定建筑设备和家具尺寸信息； 4.需要表达栏杆、扶手、功能性构件等建筑构件尺寸信息； 5.需要表达墙定位、墙厚、门洞尺寸及定位、墙机电留洞尺寸、房间面积等尺寸信息； 6.需要表达墙体、楼板等构造做法信息； 7.需要表达门窗的分类、规格尺寸（门种类、数目、尺寸以属性值输入）、开启方向，防火卷帘、商铺卷帘的做法以及防火卷帘、商铺卷帘与机电管线的关系； 8.需要表达各类分区及房间的功能、名称、编号、面积等信息； 9.需要表达构造柱、圈梁等模型

续表

专业	工作内容	内容描述
结构	结构构件	1.桩基础、筏形基础、独立基础、垫层、节点（包括但不限于集水坑）等结构构件尺寸、材料信息； 2.梁、柱、板、剪力墙、楼板开洞、剪力墙开洞、楼梯、节点（包括但不限于女儿墙、出屋面管井、止水带）等结构构件尺寸、材料信息； 3.采光顶（包括钢构、玻璃、开启扇、遮阳、灯具、吊挂、防雷、电机等信息）
机电	包括但不仅限于：空调、采暖、给水排水、雨水、消防、强电、弱电、燃气、小市政及相关大市政、室外园林给水排水及照明、照明配电、室外场地排水、水景等	1.机电各专业的所有管道，以及所有公共区域和标准单元的线缆、线管（除弱电智能化专业的线缆线管外）； 2.机电各专业的设备； 3.机电各专业附件及末端（包括烟感、温感、喷淋、风口、喇叭、灯具、温控器、计量仪表、开关、插座、阀门等）； 4.机电各专业管道的规格、厚度、坡度、管材、连接方式等； 5.机电管线综合排布满足设计、施工要求，实现管线综合设计施工一体化； 6.管线综合碰撞达到零碰撞，并且体现设计说明中的安装原则； 7.通过管线综合模型可以生成管线综合平面图和剖面图
编码	构件分类编码	所有模型构件应根据相应的标准要求录入构件分类编码

表格来源：黄心硕绘制

4.1.2.5　模型拆分规则

按专业分类拆分：项目模型（除泛光照明专业外）应按具体专业内容形式进行拆分。

按水平或垂直方向拆分：专业内项目模型应按自然层、标准层进行拆分；外立面、幕墙、泛光照明、景观、小市政等专业，不宜按层拆分的专业除外；建筑专业中的楼梯系统为竖向模型，可按竖向拆分。

按功能系统拆分：专业内模型可按系统类型进行细部拆分，如给水排水专业可以将模型按给水排水、消防、喷淋系统拆分模型等。

按工作要求拆分：可根据特定工作需要拆分模型，如考虑机电管线综合工作的情况，将专业中的末端点位单独建立模型文件，与主要管线分开。

按模型文件大小拆分：单一模型文件最大不宜超过200MB，以避免后续多个模型文件操作时硬件设备速度过慢（特殊情况时以满足项目建模要求为准）。

在本项目中，为了使设计进度及工作效率得到更好的保证，也为了使BIM技术成为设计的助推器而不是拦截者，在项目开始之前，先对项目整体情况按照建筑面积及BIM设计小组设计习惯进行评估，要确保每个单体模型大小不超过200MB。本项目首先按照专业将模型拆分为建筑、结构、机电三个部分，然后对各专业模型再进行逐步细分。但是考虑到机电专业中给水排水、电气以及暖通三个专业的沟通性以及管线综合的便利性，机电三专业将在同一个模型中进行设计。同时考虑到本项目单栋建筑体量较小，故此，单栋建筑物中各专业设计团队内部无需再分。

1）建筑专业模型分为：整体建筑；

2）结构专业模型分为：整体结构；

3）设备专业模型分为：整体设备。

4.1.2.6　文件及文件夹命名（表4-2）

文件及文件夹命名规范　　　　　　　　　　　　　　表4-2

产品代码	专业代码	楼层代码	阶段	户型	时间	模型文件名
BHNC	AR	F01	二期	2号	0624	BHNC-AR-F01-二期-2号-0624
BHNC	ST	F01	二期	2号	0624	BHNC-ST-F01-二期-2号-0624
BHNC	EL	F01	二期	2号	0624	BHNC-EL-F01-二期-2号-0624
……	……	……	……	……	……	……

表格来源：万达建模规范

4.1.2.7　规范设计标准 [1, 2]

项目设计文件是由参与项目的各专业设计人员根据项目工作包的分配开展项目设计而来，这就需要制订一个统一的项目规则来约束项目人员进行规范化的工作。设计管理平台需要设定模板文件及文档编码规则，统一项目人员的文件设计和命名要求，实现设计文件的标准化。其中标准化的内容如下：

1）说明表格标准化

按照项目类型制作了Revit族，并且以模板形式放置在服务器上，项目按照具体类型调用相应的《设计说明书》《材料做法表》等统一格式的说明表格。加载该类型的项目模板后，专属于本项目的数据已被设置为卷标，并与其相关的数据关联，诸如项目的名称、面积等数据信息都可以自动获得，并随着项目修改而进行自动修改。

2）图框标准化

在项目模板中，包括专用的图框，用来服务于项目出图。项目信息和图纸信息也会以参数形式添加至图框的族当中，避免了传统设计中各专业、各设计人员在图框标准化上所花费的额外时间，从而提升了设计效率。

3）族库标准化

将常用族文件置于启动样板文件之中，从而便于项目中的提取。与此同时，各个专业在进行各自的具体设计时，也要遵循BIM设计的执行标准去选取对应的族类型，达到公司层面的族命名、使用方面的规范化和统一化。

4）注释标准化

为了达到各个专业和各设计人员出图效果的统一性，BIM项目样板还需要包含有标注与注释，在套用样板后无需再做出多余协调工作，以便能保证注释标注样式统一和标准化，如图4-3所示。

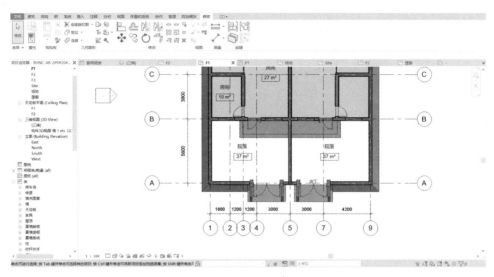

图 4-3   注释标准化
图片来源：黄心硕操作截图

5）视图标准化

为了便于设计过程当中各个构件、专业、系统等的区分，以及出图时对线型、填充等的特殊要求，项目样板中也要植入已经配置好的视图样板，以供设计师做不同设计的工作及出图时直接调用。此方法既提高了设计效率，也保证了出图质量，如图4-4所示。

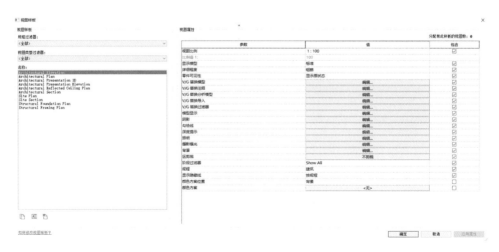

图 4-4   视图标准化
图片来源：黄心硕操作截图

6）图例标准化

不同专业在图纸中都有不同图例显示，而不同的设计人员也因不同的设计习惯从而使用不同图例。为了达到设计的标准化，项目样板同样也要将三维模型中各种构件的平面图例统一表达并内置，从而达到各专业内部以及专业之间图例的统一，如图4-5所示。

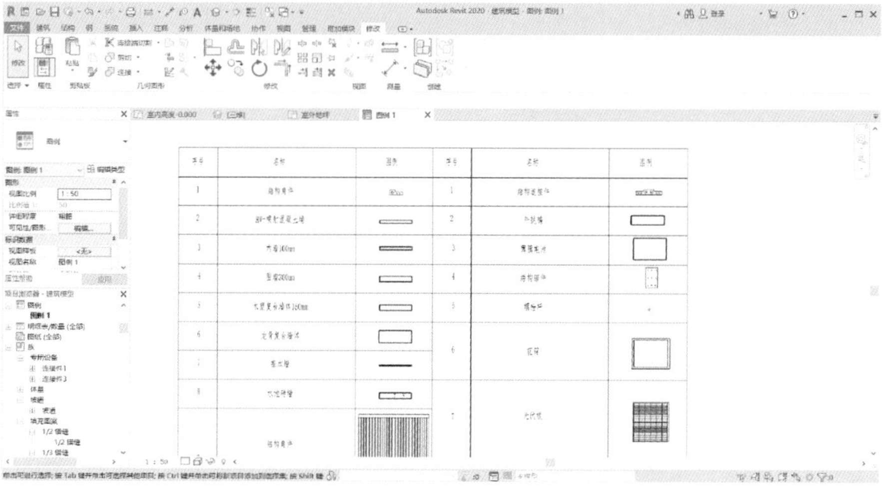

图 4-5　图例标准化
图片来源：黄心硕操作截图

7）模型标准化

建立本项目的模型精度的原则、模型拆分的原则、模型颜色的规则等，为后期模型传递以及使用做好充分的准备。与此同时，在与项目各参与方进行沟通之时，完善的标准也会使得数据的传递更为准确、便捷、快速。

4.1.3　协同平台的应用

设计管理平台需要支持已有的专业设计软件，能灵活自定义工程项目目录结构、存储和管理项目各种文档资料，支持二维设计图纸和三维模型的在线校审并批注。平台部署既能在公司局域网内，也能发布到因特网上供项目其他参与方访问[3]。

4.1.3.1　同步项目架构

减少项目数据重复录入，把项目管理系统中的项目管理架构自动导入设计管理平台，并自动赋予项目属性等数据信息。再通过中间插件实现信息系统平台之间的数据流转。这样的益处就是能够直观性地管理项目的内容，也避免了各部门信息不一致的问题。

4.1.3.2　文档管理

设计管理平台首先考虑的是为项目的人员服务。项目的人员通过专业设计软件开展项目设计，以及使用常规的办公软件开展项目管理文件的编制。整个项目的文件存储在按照一定规则建立的项目目录下，具有项目权限的项目人员可以访问，提升项目信息的安全性、准确性和及时性，提高项目各参与方的沟通效率。平台上的文件，可以通过文件名进行模糊搜索，也可以通过文件的属性信息进行高级查找，方便用户在不熟悉项目文件夹架构的情况下，快速地找到所需文件。

4.1.3.3　协同设计

设计管理平台需集成设计软件、办公软件等，实现在设计平台上读取文件进行编辑修改，也可以在软件中读取设计管理平台上的文件进行编辑修改。设计上下游专业之间需要进行参照设计，文件路径在 Windows 中一旦改变，其参照就会失效。设计管理平台需支持设计文件之间的参照关系，并管理和维护这些动态参照关系。设计文件会因为设计问题或外部条件变更等因素生成文件的多个版本，在文件参照设计中，需支持文件随版本自动更新参照内容，即参照文件的最新版本。

4.1.3.4　流程管理

设计管理平台需具备文件流程管理功能，能显示文件当前的流程状态，支持串行流程和并行流程，能实现工作流和角色权限的关联设置。文件在流程中状态变化时需具有提醒和导向功能，文件流转过程中的批注信息都能保存下来并能随时查看。

4.1.3.5 数据实时更新

项目人员上传或更新文档后，能被其他有权限访问的人员实时读取到。服务器需支持分布式存储管理，保证异地的项目团队成员能实时访问最新数据，消除地域限制，并提供本地缓存和异地增量传输的功能。同时，服务器也需要支持项目文档能灵活实现异地项目文档的定时同步。

4.1.3.6 项目数据安全

公司外部的协作方人员，通过分配新建平台账号登录。工程项目参与方众多，在项目文档共享的前提下也要保证信息内容的安全访问及存储。设计管理平台需要满足账户口令的登录，以及按照项目角色分配适当的权限，防止用户查看一些未经授权的项目文件，保证数据完整性不受未经授权用户的影响，并确保未经授权的用户对数据不能进行未授权的修改，保证赋予权限的用户可以可靠、及时地访问数据和资源。除了身份验证，还需要对项目文件的传输进行加密，保证数据在局域网及因特网上安全传输。

4.1.3.7 平台访问

设计管理平台需提供服务器端的数据管理和存储，通过客户端实现对服务器的访问。除了满足局域网开展协同工作，还要满足因特网的协同工作需要，具备代理服务器发布到因特网，保证数据安全。对于多个工作地，可实现多地扩充部署。局域网和因特网用户均实现桌面客户端访问、浏览器端直接浏览访问。

4.1.3.8 协同软件以及硬件要求

1）协同软件选择第三方平台

上海某信息科技有限公司是一家面向工程建设行业，专注于建筑信息模型软件开发的企业。其开发的建模大师、协同大师等软件被众多设计师使用，获得一致好评。其中，协同大师拥有基于互联网标准化的BIM协同工作体系、构件级别的实时协同设计建模、工作进展清晰可见等优点，故此，本次案例采用协同大师作为整个项目的协同平台，如图4-6所示。

图 4-6   协同大师界面
图片来源：黄心硕操作截图

2）软件应用（表4-3）

		软件应用		表 4-3
软件		专业		
软件类别	专业功能	建筑	结构	机电
Sketch Up	概念模型	√		
Revit	专业建模	√	√	√
Navisworks	可视化、碰撞检查	√	√	√
盈建科	结构分析		√	
Fluent	数值模拟及优化			√

表格来源：黄心硕绘制

同时，设计人员的硬件设施要达到以下要求：

操作系统：Microsoft® Windows® 10 64位。

CPU：Intel® Core™ i5-8400。

内存：8GB RAM。

显卡：支持Direct×11显卡。

4.1.4 方案设计阶段模型建立

4.1.4.1 建筑设计方案设计模型创建

在本阶段，可利用Revit软件根据项目实际情况进行方案阶段的建筑设计，包括整体建筑物的朝向、平面功能以及整体造型等，通过三维软件可以直观地表达方案设计的结果，当确认好其初设方案时，与甲方进行商定并进行调整直至双方统一意见。

项目地点现状调研

本项目位于江苏省徐州市，处于华北平原的东南部，介于东经116°22′~118°40′、北纬33°43′~34°58′之间。东西长约210km，南北宽约140km，总面积11258km²。徐州属于暖温带季风气候，由于东西较为狭长，受海洋影响程度不同，西部为半湿润季风气候，东部为湿润季风气候，全年平均气温在14℃左右，较为凉爽。所以建筑在选择朝向时，大多坐北朝南布置，通过庭院来组织各个房间，这样可以使各房间最大可能地得到太阳照射，充分利用太阳能。山坡上的民居，则多顺应山势，逐层跌落，相互不遮挡，这样可以充分地保证各个房间均能得到太阳照射。徐州的年降水量约为800~930mm，6~8月为雨季，降雨量很大。为了适应降雨排水的需求，民居大多采用两坡顶，坡度将近30°，较少挑檐。在中国建筑气候分区上，徐州属于寒冷地区 IIA 型气候区，相关建筑设计标准对气候区的建筑设计要求为：满足冬季保温、防寒、防冻等，兼顾夏季防热通风，因此在建筑设计上要充分考虑温度的影响。徐州的具体数据见表 4-4~表4-7，图4-7、图4-8。

各月平均空气温度　　　　　　　　　　　　　　　　　表4-4

月份	1	2	3	4	5	6	7	8	9	10	11	12	全年
平均温度（℃）	0.7	3.5	8.6	15.6	21.1	25.4	27.3	26.4	22.1	16.2	8.8	2.8	14.88
平均最高温度（℃）	5.3	8.5	13.9	21.1	26.5	30.5	31.4	30.6	26.9	21.8	14.3	7.6	19.87
平均最低温度（℃）	−3	−0.5	4	10.3	15.9	20.6	23.9	23	17.9	11.5	4.4	−1	10.58
极端最高温度（℃）	17.8	25.9	28.4	33.9	38.2	38.4	40	37.4	36.2	34.5	27.5	21.3	31.63
极端最低温度（℃）	−12.8	−15.8	−7.5	−1.4	6	12.5	16.1	13.4	7.3	−0.8	−8.3	−13.5	−0.4

表格来源：黄心硕绘制

各月平均空气湿度状况　　　　　　　　　　　　　　　　　表4-5

月份	1	2	3	4	5	6	7	8	9	10	11	12	全年
平均相对湿度（%）	66	64	62	61	64	67	79	81	75	69	69	66	68.58
水蒸气压力（kPa）	0.318	0.377	0.519	0.640	0.878	1.625	2.147	2.088	1.495	0.952	0.586	0.370	1.000

表格来源：黄心硕绘制

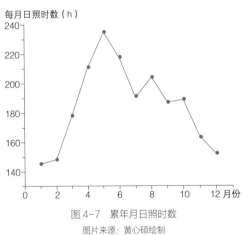

图4-7　累年月日照时数

图片来源：黄心硕绘制

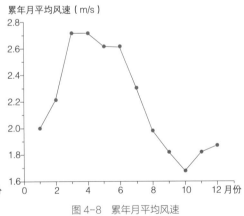

图4-8　累年月平均风速

图片来源：黄心硕绘制

各月平均日照时数　　　　　　　　　　　　　　　　　表4-6

月份	1	2	3	4	5	6	7	8	9	10	11	12	平均
日照时数（h）	144.8	147.5	177.0	210.5	232.7	218.6	191.1	202.8	188.3	190.8	164.2	151.8	185.0

表格来源：网络

月份	1	2	3	4	5	6	7	8	9	10	11	12	全年
平均风速（m/s）	2.0	2.2	2.7	2.7	2.6	2.6	2.3	2.0	1.8	1.7	1.8	1.9	2.19

各月平均风速　　　　表4-7

表格来源：黄心硕绘制

4.1.4.2　地形提取

在方案阶段根据地勘报告提供的信息，利用Revit软件将现场实际地形进行建模，使建筑师能够进行适宜的设计，如图4-9所示。

图4-9　地形绘制
图片来源：黄心硕绘制

4.1.4.3　场地分析

利用Revit参数化建模能力，在方案阶段对不规则体量进行反复推敲，并生成随体量修改而自动修改的建筑平面轮廓，如图4-10所示。

后期，将该体量应用到能量分析中，节省方案阶段反复调整造成的时间和资源浪费。

4.1.4.4　模型细度原则

以LOD来描述BIM模型在整个生命周期的不同阶段中不同构件应该达到的完成度。T&A House设计根据行业自身的需求借鉴了此分级制度，并制定符合国情的项目级LOD标准[4]，见表4-8。

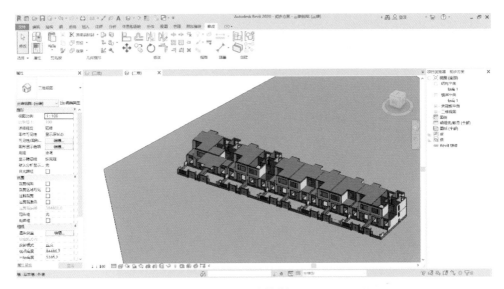

图 4-10　场地分析

图片来源：黄心硕绘制

项目级 LOD 标准　　　　　　　　　　　　　　　　　　　　　　　　　表 4-8

序号	模型精度等级	内容
1	LOD100	等同于概念方案设计，此阶段的模型通常为表现建筑整体类型分析的建筑体量，分析包括体积、建筑朝向、每平方米造价等
2	LOD200	等同于初步设计，此阶段的模型包含普遍性系统，包括大致的数量、大小、形状、位置以及方向。LOD 200模型通常用于系统分析以及一般性表现
3	LOD300	模型单元等同于传统施工图和深化施工图层次。此模型可用于成本估算以及施工协调，包括碰撞检查、施工进度计划以及可视化。LOD 300模型应当包括在BIM交付规范里规定的构件属性和参数等信息
4	LOD400	此阶段的模型可用于模型单元（水暖电系统构件）的加工和安装
5	LOD500	最终阶段的模型表现项目竣工的情形。模型将作为中心数据库整合到建筑运营和维护系统中去。LOD 500模型将包含业主BIM 规定的完整构件参数和属性

表格来源：黄心硕绘制

4.1.4.5　各专业协同推敲

建筑专业在方案设计阶段的任务要求仍然是以方案的表达为主，依据甲方的设计要求、规划条件，设计出满意的初步方案。在方案的合理性上则既要考虑到建筑学的功能性、美观性，同时也要接受来自结构专业对结构合理性和结构选型的指导，分析建筑方案在

给水排水等专业中的可行性，并进行方案的调整直至整个方案的完善。在建筑专业内还
需要进行方案的性能分析和可视化表现，以达到方案阶段方案文本的要求。具体流程如
图4-11所示。

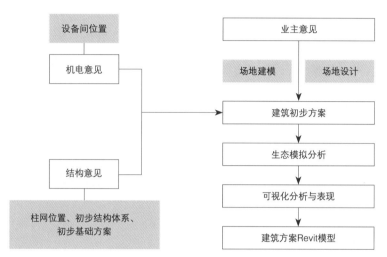

图 4-11　各专业协同推敲流程图
图片来源：黄心硕绘制

建筑专业需要整理整个项目的任务信息，首先是对本专业基本设计方案的表达，包括总
平面图、各层平面图、典型的立面图和剖面图等。然后在结构、给水排水等专业的指导
下将方案中涉及结构、给水排水等专业设计所需要的信息在BIM模型中进行初步表达，包
括将建筑柱网的初步布置，建筑高度、层高和各层标高信息，房间的功能和面积等信息
提供给结构专业进行结构合理性判断及结构的选型工作，将各层卫生间布置等信息提供
给给水排水专业进行下一阶段的给水排水设计。

最终，设计师根据甲方的要求利用Revit软件进行三维建模，通过不断地改善其整体的建
筑朝向、平面功能以及整体造型，与甲方进行沟通，最终以较短的时间确定了该户型的
样式[5]。

4.2　初步设计阶段

初步设计阶段是整个设计阶段的第二部分，当方案设计结束后，各相关专业开始介入，包括结构、给水排水、暖通、电力等专业。在传统设计模式中，其他专业图纸与计算模型没有互通性，需要工程师校核图模的一致性，大大增加了设计师的工作量。

对于这样的问题，在BIM协同设计中能够很好地解决。例如，基于Revit的结构设计中，物理模型、计算模型、视图和图纸都是同一个建筑信息模型的组成部分，其互相具有联动性，这将大大节约为了达到图模一致所耗费的时间，使设计师得以将更多的时间投入到设计中，最大化地完善设计本身。

通过协同设计平台将各专业的模型建立，同时进行各专业的试算，比如结构专业试算整体结构、给水排水专业试算整个建筑物的水力和管网排布等，并通过平台实时更新其进展及问题，保证设计阶段的高效性。当各专业的设计完成后，打印出各专业计算书进行校审，其初步模型也已完成，可以进行第一次的合模，通过三维模型来直观地发现问题，并进行碰撞检查，出示的结果与甲方以及施工方进行探讨，直至意见一致（图4-12）。

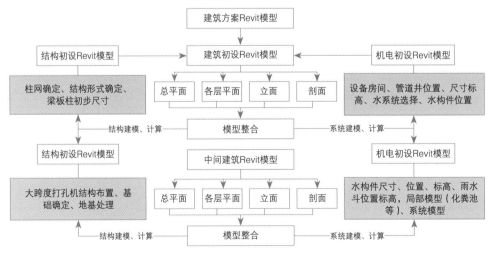

图4-12　初步设计阶段各专业碰撞流程图

图片来源：黄心硕绘制

4.2.1 初步设计阶段专业间协同

针对专业之间的协同，由于设计师个人喜好不同，在项目文件中总会出现一些形式上的不同，然而这种不同在链接合模后，就会产生一些错误。所以，首先要针对专业内部进行项目样板文件的设置。各专业Revit样板文件的设置包括视图样板的设置、视图结构的设置和族库的建立。其中视图样板需对模型中的线型、线宽、截面显示等类别进行设置和调整。视图结构即可直接显示模型的各个平面、立面、剖面和三维视图的项目浏览器，项目基点的位置需要统一。Revit一般有自带的基本族库，也可以根据项目的需求创建族库，族库的完善程度越高，对项目的推进越有利（图4-13、图4-14）。

在项目样板文件完成后，进行模型的进一步设计。

针对方案阶段的模型，必须对各类构件逐一细化，使其逐步具备变成现实的可能。

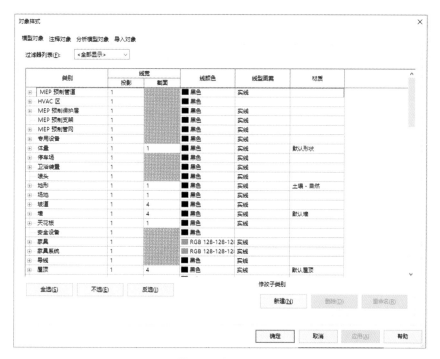

图 4-13　视图设置

图片来源: 黄心硕操作截图

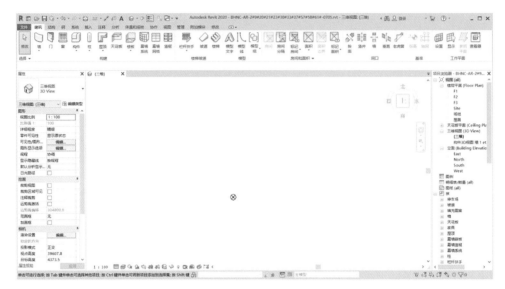

图 4-14　视图结构以及项目基点设置

图片来源：黄心硕操作截图

4.2.2　初步设计阶段协同步骤

4.2.2.1　建筑模型初步设计

经过建筑方案模型设计后，建筑专业在方案设计的基础上，进一步深入推敲、深入研究、深化构件、赋予材质、完善方案，并初步考虑结构布置、设备系统，进行建筑的初步设计，同时与结构专业、机电专业进行频繁的研讨，及时与其他专业共同推敲模型，最终完成一个合理的初步方案。

1）材质调整

对比于传统设计阶段，协同设计中可以提前在初步方案设计初期，对模型进行材质的讨论、调整，各专业都参与其中，考虑材料的一些特性，这样可以方便后期模型的表达，同时也避免了后期材料更换的问题（图4-15、图4-16）。

图 4-15 材质设置
图片来源：黄心硕操作截图

图 4-16 材质赋予
图片来源：黄心硕操作截图

2）构件深化

对阳台、栏杆、墙身装饰线、入口雨篷、装饰构件等的深化，对立面造型有直接影响，因此也是初步方案阶段需精心推敲的部分（图4-17）。

图 4-17 构件深化
图片来源：黄心硕绘制

3）协同管理

针对初步阶段的各专业协同管理，采用协同大师软件进行各人员的管理，从户型、专业进行分类，保证每个人都能够保质保量地完成自己的任务，并且及时发现其他专业产生的问题，在协同平台上进行问题发布，使项目能够更加顺利地进行（图4-18）。

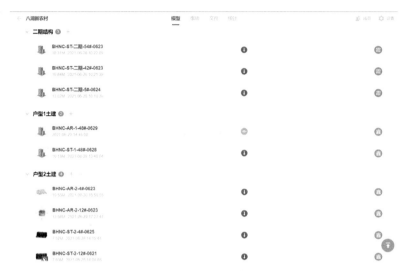

图 4-18　协同平台管理

图片来源：黄心硕操作截图

4）建筑模型成果

经过与其他专业的研讨协调设计，最终将建筑模型设计完成，并与甲方进行核查审图（图4-19）。

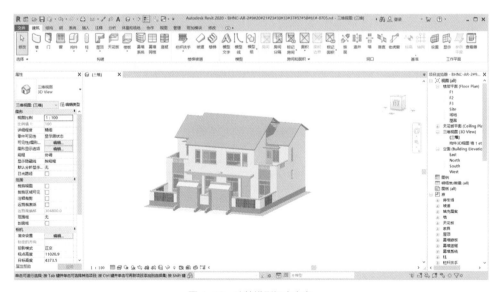

图 4-19　建筑模型初步方案

图片来源：黄心硕绘制

4.2.2.2　结构模型初步设计

在建筑专业方案设计完成后，由BIM总负责人统筹安排任务，针对建筑专业的方案设计模型，合理分配模型内容给结构专业BIM负责人，再由结构专业BIM负责人分配给结构专业BIM设计师进行合理的结构初步设计，并建立相应的结构模型，与其他专业进行合模碰撞检查。

结构BIM设计师在协同平台中对建筑模型进行细致了解，充分理解任务说明，清楚建筑物的环境及各种信息，确定建筑物的整体结构可行性，柱、墙、梁的大体布置。每位设计师将自己的任务模型了解清楚后，在Revit平台中进行结构的初步建模，保证与建筑模型相适应。对于建筑物的结构进行选择，如框架结构、框架－剪力墙结构等，对于建筑群或者复杂的建筑物，需要考虑是否分缝，合理地布置梁、柱、板的位置，还要进行估算，选择合适的构件尺寸。

按照"工作集"权限要求，由结构负责人分配深化设计工作，按照任务将工程师分配在各自"子工作集"，利用盈建科结构深化设计软件进行结构设计。注意，在导入盈建科结构设计软件中后，一定要将模型仔细检查一遍，以免导入时发生模型的改变，继而引发结构设计的错误。

通过盈建科结构设计软件设计后，将模型再次导入Revit模型中，与其他专业模型进行合模碰撞检查，出具相关报告与BIM总负责人报告，形成书面文件，以便总负责人管理整个设计流程以及让业主知晓整体的设计进程；组织会议，与建筑专业负责人进行方案探讨，继而完善设计方向，不断修改模型，最终得到最合适的模型。

有必要建立规范化的族库，为下一步模型建立及后续应用提供数据基础。项目依据平法制图标准和相关规范规定，按照LOD300的深度标准建立构件库，同时进行参数化，并对构件族库进行存储。

1）Revit 模型建立

经过和建筑专业的研讨设计，最终确定结构为砌体结构，先在Revit软件中进行设计，保证与建筑模型无碰撞，符合结构基本要求。最终模型如图4-20所示。

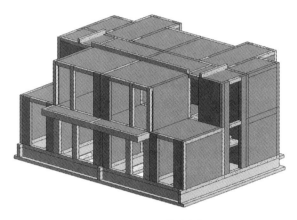

图 4-20　Revit 模型建立
图片来源：黄心硕绘制

2）盈建科模型建立

将设计好的Revit模型导入盈建科结构设计软件中，进行结构验算，最后得到设计指标满足相关规范。盈建科模型与验算结果如图4-21、图4-22所示。

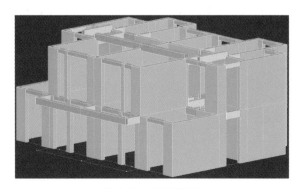

指标项		汇总信息
总质量(t)		442.14
质量比		1.00　<　[1.5](1层1塔)
最小刚度比	X向	1.00　>　[1.0](2层1塔)
	Y向	1.00　>　[1.0](2层1塔)
楼层受剪承载力	X向	1.00　>　[0.80](2层1塔)
	Y向	1.00　>　[0.80](2层1塔)
结构自振周期(s)	X	0.2232
	Y	0.1152
	T	0.1434
有效质量系数	X向	99.97%　>　[90%]
	Y向	100.00%　>　[90%]
最小剪重比	X向	6.85%　>　[1.60%](1层1塔)
	Y向	6.89%　>　[1.60%](1层1塔)
最大层间位移角	X向	1/3804　<　[1/550](2层1塔)
	Y向	1/9999　<　[1/550](2层1塔)
最大位移比	X向	1.05　<　[1.50](2层1塔)
	Y向	1.00　<　[1.50](2层1塔)
最大层间位移比	X向	1.07　<　[1.50](2层1塔)
	Y向	1.00　<　[1.50](2层1塔)
刚重比	X向	303.75　>　[10.00](2层1塔)
	Y向	1162.11　>　[10.00](2层1塔)

图 4-21　盈建科模型
图片来源：黄心硕绘制

图 4-22　盈建科验算结果
图片来源：黄心硕绘制

4.2.2.3   机电模型初步设计

在建筑专业方案设计完成后，由BIM总负责人统筹安排任务，针对建筑专业的方案设计模型，合理分配模型内容给机电专业BIM负责人，再由机电专业BIM负责人分配给机电专业BIM设计师进行合理的机电初步设计，并建立相应的机电模型，与其他专业进行合模碰撞检查。

在以往的设计过程中，机电设计往往各自为政，配合度较低，导致施工现场有大量的错漏碰缺需要现场出具解决方案。基于BIM技术，项目将各专业绑定在一起互相协同工作，针对专业间的冲突提出解决方案，为施工单位节约了大量时间，也避免了材料浪费带来的经济损失。

采用BIM进行设计，项目的机电工程师不再只是对着建筑平面图和结构梁板图来布置设备管线，而是直接在空间中搭建设备模型，这让机电工程师更深入地参与到了建筑内部与空间的对话，也对设备工程师提出了更高的要求。虽然看似机电工程师的工作量因为BIM而增大了不少，但是随之而来的是项目设计质量有了质的飞跃，施工变更数量也大幅减少。三维管线综合之后，项目通过对每一层的三维模型视图深度的调整，可以非常直观地整理出不同区域可以做到的最大净高，以及个别区域中净高不足的位置。在这样一个化繁为简的过程中，项目把复杂的管线综合以最简单的方式呈现在业主面前，也可以使业主在开工前更简单地深入了解项目，并且为精装修的配合以及施工方对净高的检查带来了极大的便利。

通过建筑方案设计模型，机电工程师在Revit中建立初步模型，然后确定各大系统，进行主要参数计算，确定机房的高度、面积、位置，预留竖向管道系统。这个阶段最重要的是合理布置机房位置，避免各专业机房过于集中，管道重叠。通过有关软件转换模型，进行水力水量计算，并针对整体设计进行管网布置，同时对于暖通性能、电气性能进行计算（图4-23）。

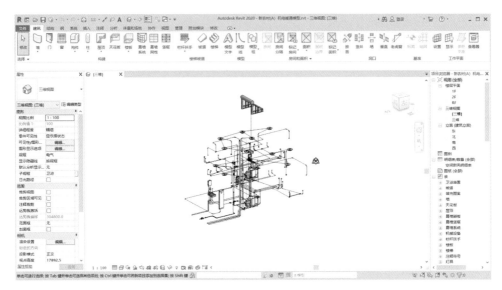

图 4-23   机电模型初步设计

图片来源: 黄心硕绘制

4.2.3   初步阶段专业间协调内容

4.2.3.1   初步碰撞检查内容

对于初步阶段，因为各专业模型需要根据专业要求进行调整，故此，需要在设计结束后将设计模型导回至Revit进行合模检查，以便在后期深化阶段使用。检查的内容见表4-9。

初步阶段碰撞检查内容

表 4-9

分类条目	分类内容
建筑、结构、机电专业碰撞检查	分阶段进行核查 建筑、结构之间 结构、机电之间（结构留洞） 机电管线之间

表格来源: 黄心硕绘制

4.2.3.2　初步碰撞检查结果

1）初步模型进行合模

将结构模型与机电模型采用链接Revit模型的方式进行操作，使三个模型处于一个项目文件中，这样可以直观地观察到模型有哪些问题并进行修正，如图4-24、图4-25所示。

图 4-24　初步阶段合模链接操作图

图片来源：黄心硕绘制

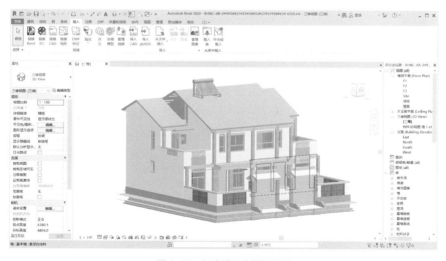

图 4-25　初步阶段合模结果图

图片来源：黄心硕绘制

2）碰撞检查报告截图

采用协作—碰撞检查功能，可以将构件的碰撞情况进行报告输出，方便设计师找到碰撞的位置并进行更改，如图4-26、图4-27所示。

图4-26　碰撞报告操作图

图片来源：黄心硕操作截图

	A	B
1	墙：基本墙：内墙 240：ID 202066	新农村(A) 机电暖通模型.rvt：线管：带配件的线管：PC管-弱电：ID 833686
2	墙：基本墙：内墙 240：ID 202066	新农村(A) 机电暖通模型.rvt：线管配件：线管弯头 - 平端口 - PVC：PC管-弱电：ID 833697
3	墙：基本墙：内墙 240：ID 202066	新农村(A) 机电暖通模型.rvt：线管配件：线管弯头 - 平端口 - PVC：PC管-弱电：ID 833706
4	墙：基本墙：内墙 240：ID 202066	新农村(A) 机电暖通模型.rvt：线管：带配件的线管：JDG管-弱电：ID 833782
5	墙：基本墙：内墙 240：ID 202066	新农村(A) 机电暖通模型.rvt：线管：带配件的线管：PC管-电照：ID 838274
6	墙：基本墙：外墙：ID 204422	新农村(A) 机电暖通模型.rvt：线管：带配件的线管：PC管-电照：ID 837302
7	墙：基本墙：外墙：ID 204422	新农村(A) 机电暖通模型.rvt：线管：带配件的线管：PC管-电照：ID 837891
8	墙：基本墙：外墙：ID 204422	新农村(A) 机电暖通模型.rvt：电气装置：单相二三极插座 - 暗装：安全型单相两孔加三孔暗插座 - 标记 31：ID 853413
9	墙：基本墙：外墙：ID 204422	新农村(A) 机电暖通模型.rvt：线管：带配件的线管：PC管-电照：ID 855950
10	墙：基本墙：外墙：ID 204422	新农村(A) 机电暖通模型.rvt：线管配件：线管弯头 - 平端口 - PVC：PC管-电照：ID 856118
11	墙：基本墙：外墙：ID 204422	新农村(A) 机电暖通模型.rvt：线管配件：线管接线盒 - T 形三通 - PVC：PC管-电照：ID 856183
12	墙：基本墙：外墙：ID 204422	新农村(A) 机电暖通模型.rvt：线管：带配件的线管：PC管-电照：ID 859967
13	墙：基本墙：外墙：ID 204422	新农村(A) 机电暖通模型.rvt：线管：带配件的线管：PC管-电照：ID 860879
14	墙：基本墙：外墙：ID 205461	新农村(A) 机电暖通模型.rvt：线管：带配件的线管：PC管-电照：ID 860888
15	墙：基本墙：内墙 240：ID 220687	新农村(A) 机电暖通模型.rvt：线管：带配件的线管：PC管-电照：ID 871142
16	墙：基本墙：内墙 240：ID 220687	新农村(A) 机电暖通模型.rvt：线管：带配件的线管：PC管-电照：ID 878584

图 4-27　碰撞报告结果图

图片来源：黄心硕操作截图

4.3 深化设计阶段

深化设计阶段属于整个设计阶段的第三个部分，在初步方案设计阶段之后。这一阶段的主要工作是解决各工种之间的技术协调问题，如能否达到预期的建筑效果、结构预留洞口位置、建筑构件安装预埋件等。此阶段相当于对前面已经定好的初步方案进行细化，保证现场施工的顺利。

在传统设计中，深化设计阶段一般在二维图纸中表现，缺乏直观性，尤其是在机电专业部分，很难在二维图纸中确定管线空间的位置，难以发现问题。但在BIM设计中，通过三维模型的建立，可以将二维图纸的内容转换为三维的空间关系，比较直观地看出问题所在，并且可以根据第三方设计软件进行建筑的各种能耗模拟，用来验算建筑整体能够达到的效果。

在深化设计阶段，各专业需要协调起来去模拟建筑的各种性能，例如采光模拟分析、通风模拟分析、可视化模拟、结构构件的验算、水力模拟分析、热舒适性模拟分析、气流组织模拟分析、能耗模拟分析、用电量模拟分析以及能耗模拟分析等，并且针对这些内容进行各专业的合理优化。

当优化分析结束后，进行模型校审，若不满足校审要求则需要重新更改直至满足校审要求，校审通过后进行各专业的模型深化，包括构件大样详图、节点大样详图等，不断地进行合模检查，包括碰撞检查、经济性验证、节能验证等，以用来跟施工方和业主进行交流沟通，直至整体模型没有问题，输出各专业最终模型以及项目整体最终模型。

4.3.1 建筑模型深化设计

当结束第一次碰撞检查后，则进行整体模型的优化设计，根据BIM建模要求和相关规范进行优化设计，同时开始对建筑的性能分析，包括采光模拟分析、通风模拟分析、可视化模拟等，通过分析结果进行优化。

4.3.1.1　优化设计内容

针对初步阶段设计完成的模型进行深化，主要针对碰撞检查后的结果进行模型的细化，与结构、机电专业进行协调（图4-28）。

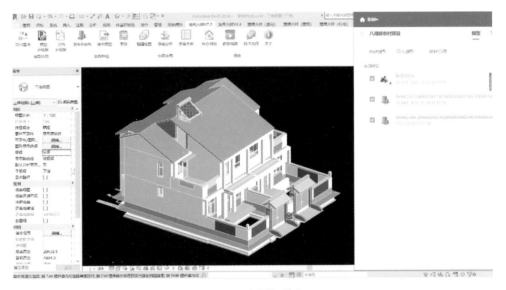

图 4-28　建筑模型优化

图片来源：黄心硕绘制

4.3.1.2　通风模拟分析

利用模拟软件对该房屋进行通风模拟分析，保证该房屋能够满足设计需求，模拟结果如图4-29~图4-36所示。

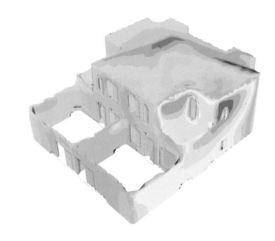

图 4-29　建筑表面风压

图片来源：苗舒康模拟截图

图 4-30 压强云图
图片来源：苗舒康模拟截图

图 4-31 剖面风速云图
图片来源：苗舒康模拟截图

图 4-32 剖面风速矢量图
图片来源：苗舒康模拟截图

图 4-33   风速云图
图片来源：苗舒康模拟截图

图 4-34   风速放大系数图
图片来源：苗舒康模拟截图

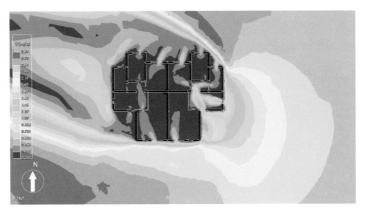

图 4-35   二层速度云图
图片来源：苗舒康模拟截图

图 4-36　二层速度矢量图
图片来源：苗舒康模拟截图

4.3.1.3　可视化模拟

利用协同平台对模型进行可视化模拟，可以轻量化浏览模型的情况。同时，不会使用
Revit软件的人员可以通过网址进行模型查看。并且该轻量化浏览方式可以针对单个构件
进行隐藏或查看，方便对于构件的审查。如图4-37、图4-38所示。

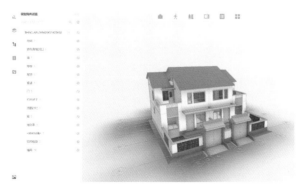

图 4-37　可视化模拟
图片来源：黄心硕操作截图

图 4-38　可视化构件审查
图片来源：黄心硕操作截图

4.3.2   结构模型深化设计

结构专业在深化设计阶段主要是结构构件的验算、机电管线的配合以及表达出构造大样的做法等工作。在BIM协同设计中，通过盈建科结构设计软件进行结构构件的验算；合模碰撞检查可以很容易地发现结构专业跟其他专业的碰撞问题以及机电管线的预留位置，通过这种方式可以在结构模型中进行管线的预埋并在施工图阶段进行批量出图；在Revit平台上进行结构构造大样建模。

4.3.2.1   结构构件验算

基于结构初步阶段模型进行了结构的构件验算，保证了构件在受力情况下的安全性，结果如图4-39、图4-40所示。

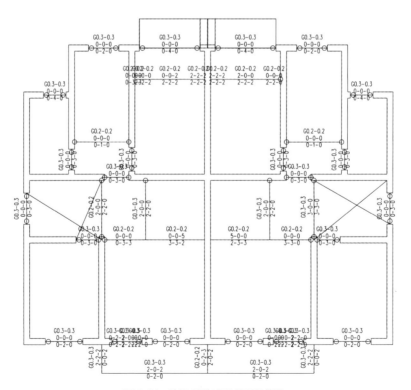

图 4-39   连梁 / 框架梁计算配筋简图

图片来源：黄心硕绘制

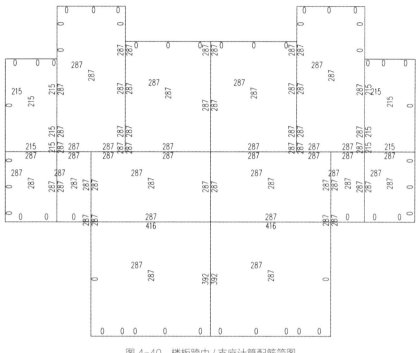

图 4-40 楼板跨中 / 支座计算配筋简图

图片来源：黄心硕绘制

4.3.2.2 连接节点三维表示

项目可以通过在Revit中创建三维的参数化族，真实地表现出复杂节点的空间关系，设计人员可以以此检查自身设计的质量，而施工人员和业主也可以更直观地了解到节点的空间形式和组装方法，如图4-41~图4-43所示。

图 4-41 框架梁与墙连接节点大样

图片来源：黄心硕绘制

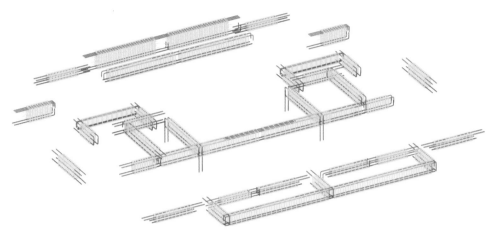

图 4-42　连梁 / 框架梁配筋模型

图片来源：黄心硕绘制

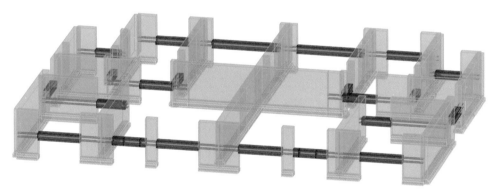

图 4-43　基础拉梁配筋模型

图片来源：黄心硕绘制

对于建筑师，当构件直接参与到建筑美学的构思时，由结构工程师直接设计并建模的构件，可以给建筑师带来最为直观的理解，给建筑设计与实际施工带来更好的帮助。

4.3.2.3　结构构造大样做法建模

对结构中一些构造做法进行三维建模，更有利于指导现场施工，如图4-44、图4-45所示。

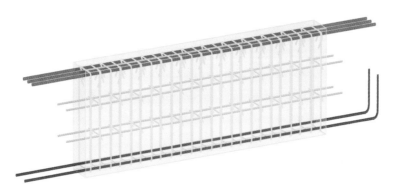

图 4-44　连梁配筋大样模型图
图片来源：黄心硕绘制

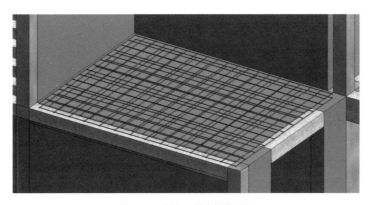

图 4-45　楼板配筋大样模型图
图片来源：黄心硕绘制

4.3.2.4　针对各个部件进行精度的深化

对于结构中各个部件进行一定程度上的深化，使各个构件达到预设的精度，可以更好地指导现场施工，如图4-46、图4-47所示。

4.3.3　机电模型深化设计

机电BIM设计师在深化设计阶段需要在初步模型的基础上与其他专业联合进行一部分工作，并通过可视化模拟进行设计，使机电管线的排布满足正常需求，并且与其他专业进行有效的碰撞检查，并进行相应的调整，保证建筑能够达到预期的效果。

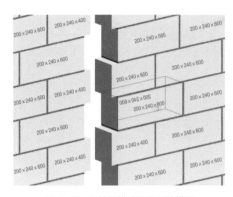

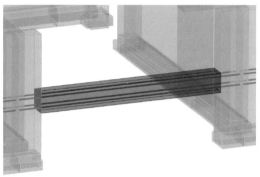

图 4-46　砌块墙排砖深化设计模型

图 4-47　基础拉梁深化设计模型

图片来源：黄心硕绘制

图片来源：黄心硕绘制

可视化模拟

设备机房漫游项目采用BIM设计模式，将三维可视化直接应用在机房的设计中，使得机房的管线设计和综合排布一次到位，大大提升了机房的设计质量。同时与设备厂家直接对接，每一台设备都以标准的定位和尺寸放置在机房中，所有的参数也都可供随时查阅，无论是设计师还是业主，都对机房排布有了更进一步的理解，如图4-48所示。

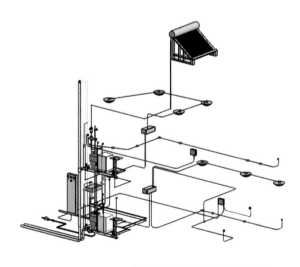

图 4-48　机电模型可视化模拟

图片来源：黄心硕绘制

4.3.4 模型深化阶段提交内容

4.3.4.1 深化阶段碰撞检查报告

1）深化阶段碰撞检查内容（表 4-10）

深化阶段碰撞检查内容　　表 4-10

分类条目	分类内容
建筑、结构、机电专业碰撞检查	分阶段进行核查 1.建筑、结构之间；2.结构、机电之间（结构留洞）；3.机电管线之间
机电深化	分阶段深化 1.干管净高核查及排布；2.精装二次机电深化；3.管线综合
机电末端核查	分阶段核查 1.机电末端与精装点位核查；2.依据专业分包深化图核查； 3.综合天花模型；4.机电末端与幕墙等系统的核查
机房排布及优化	分阶段深化 1.机房排布优化合理减少机房面积；2.机房内设备及管线深化
大型设备核查	分阶段深化 1.核查大型设备的预留预埋条件；2.设备吊装洞核查

表格来源：黄心硕绘制

2）深化阶段碰撞检查结果（图 4-49）

136	楼板：楼板：楼面1：ID 284165	新农村(A) 机电暖通模型.rvt：线管配件：线管弯头 - 平端口 - PVC：PC管-电照：ID 877036
137	楼板：楼板：楼面1：ID 284165	新农村(A) 机电暖通模型.rvt：线管配件：线管弯头 - 平端口 - PVC：PC管-电照：ID 878253
138	楼板：楼板：楼面1：ID 284165	新农村(A) 机电暖通模型.rvt：线管配件：线管弯头 - 平端口 - PVC：PC管-电照：ID 878292
139	楼板：楼板：楼面1：ID 284165	新农村(A) 机电暖通模型.rvt：线管配件：线管弯头 - 平端口 - PVC：PC管-电照：ID 878397
140	楼板：楼板：楼面1：ID 284165	新农村(A) 机电暖通模型.rvt：线管配件：线管弯头 - 平端口 - PVC：PC管-电照：ID 878517
141	楼板：楼板：楼面1：ID 284165	新农村(A) 机电暖通模型.rvt：管道：管道类型：PPR管道-RJ：ID 882142
142	楼板：楼板：楼面1：ID 284165	新农村(A) 机电暖通模型.rvt：管道：管道类型：PPR管道-J：ID 882167
143	楼板：楼板：楼面1：ID 284165	新农村(A) 机电暖通模型.rvt：管道：管道类型：PPR管道-J：ID 882670
144	楼板：楼板：楼面1：ID 284165	新农村(A) 机电暖通模型.rvt：管道：管道类型：PPR管道-RJ：ID 882692
145	楼板：楼板：楼面1：ID 284165	新农村(A) 机电暖通模型.rvt：线管配件：线管弯头 - 平端口 - PVC：PC管-电照：ID 885974
146	屋顶：基本屋顶：屋面二：ID 286860	新农村(A) 机电暖通模型.rvt：墙：基本墙：常规 - 200mm：ID 746956
147	屋顶：基本屋顶：屋面二：ID 286860	新农村(A) 机电暖通模型.rvt：管道：管道类型：PVC-U塑料管-W：ID 761733
148	屋顶：基本屋顶：屋面二：ID 286860	新农村(A) 机电暖通模型.rvt：管道：管道类型：PPR管道-J：ID 771623
149	屋顶：基本屋顶：屋面二：ID 286860	新农村(A) 机电暖通模型.rvt：管件：弯头 - 常规：生活给水系统（冷水）：ID 771633
150	屋顶：基本屋顶：屋面二：ID 286860	新农村(A) 机电暖通模型.rvt：管道：管道类型：PPR管道-J：ID 771637
151	屋顶：基本屋顶：屋面二：ID 286860	新农村(A) 机电暖通模型.rvt：管道：管道类型：PPR管道-J：ID 771779
152	屋顶：基本屋顶：屋面二：ID 286860	新农村(A) 机电暖通模型.rvt：管件：弯头 - 常规：生活给水系统（冷水）：ID 771809
153	屋顶：基本屋顶：屋面二：ID 286860	新农村(A) 机电暖通模型.rvt：管件：弯头 - 常规：生活给水系统（冷水）：ID 771813
154	墙：基本墙：内墙120：ID 292609	新农村(A) 机电暖通模型.rvt：管道：管道类型：PVC-U塑料管-W：ID 765016
155	墙：基本墙：内墙 240：ID 292610	新农村(A) 机电暖通模型.rvt：管道：管道类型：PPR管道-J：ID 736312
156	墙：基本墙：内墙 240：ID 292610	新农村(A) 机电暖通模型.rvt：管道：管道类型：PPR管道-J：ID 736480
157	墙：基本墙：内墙 240：ID 292610	新农村(A) 机电暖通模型.rvt：管道：管道类型：PPR管道-RJ：ID 740263
158	墙：基本墙：内墙 240：ID 292610	新农村(A) 机电暖通模型.rvt：管道：管道类型：PPR管道-J：ID 740603
159	墙：基本墙：内墙 240：ID 292610	新农村(A) 机电暖通模型.rvt：管道：管道类型：PPR管道-J：ID 764938
160	墙：基本墙：内墙 240：ID 292610	新农村(A) 机电暖通模型.rvt：管道：管道类型：PPR管道-J：ID 764942
161	墙：基本墙：内墙 240：ID 292610	新农村(A) 机电暖通模型.rvt：管道：管道类型：PPR管道-RJ：ID 764946
162	墙：基本墙：内墙 240：ID 292610	新农村(A) 机电暖通模型.rvt：管道：管道类型：PPR管道-J：ID 764957

图 4-49　深化阶段碰撞检查结果

图片来源：黄心硕操作截图

4.3.4.2　线下方案讨论

针对完成深化阶段的模型，可以与村民、施工方、甲方进行交流讨论，完成后针对深化模型进行施工图阶段的工作（图4-50）。

图 4-50　与村民的线下讨论
图片来源：黄心硕拍摄

4.4　施工图设计阶段

施工图设计阶段是整个设计阶段的最后一个阶段，是设计师与甲方、施工方交流最密切的阶段，设计师需要绘制满足施工要求的建筑、结构、机电专业的全套图纸，并编制工程说明书、结构计算书及设计预算书。

当最终整体模型整理好后，即可出具最终的施工图交由施工方进行施工，同时，基于BIM的强大信息管理功能，其各种材料明细表、大样图也可一并生成，解决了设计师出图繁杂的问题，也使结果更加准确。

4.4.1　图纸批量生成及打印

图纸生成

利用Revit软件自带的功能进行图纸的输出，可有效地减少设计师画图的工作量，如图4-51所示。

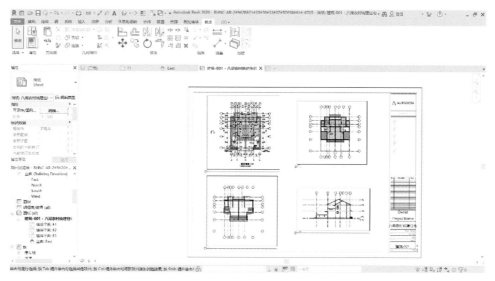

图 4-51　图纸的打印与输出

图片来源：黄心硕操作截图

4.4.2　明细表生成

在传统的设计中，材料往往需要由设计人员手动统计并制作成设备表。这样的方法不仅给设计人员增加了额外的工作量，且在设计经历了反复修改的情况下，很难保证设备表与平面图形成一一对应的关系，从而无法得到精准真实的统计资料。本项目将设备参数录入至设备族中，并且利用设计模板中预设的明细表模板，轻松获得与模型对应的设备

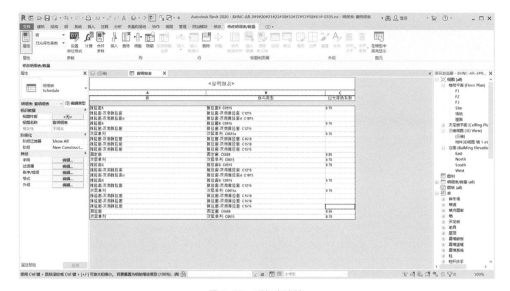

图 4-52　明细表清单

图片来源：黄心硕操作截图

明细表，如图4-52所示，并将此明细表应用到了工程概算的工作中，在设计阶段快速得到成本的预估算。在此基础上，与业主探讨设备的选型，有效地控制了项目成本。

4.4.3　图纸审核

基于Revit生成的图纸需要交由BIM各专业负责人进行初步审核，再由BIM项目经理交给专业的审查员进行图纸的核查，图纸要求要有专业的标注形式，体现三维模型中的一些信息，保证审查员能够快速直观地了解图纸中的信息（图4-53）。

图纸经审查员核查无误后，将修改意见反馈给团队BIM项目经理，再由团队BIM项目经理进行修改意见整理并下发至各BIM专业负责人。修改完成后再反馈至审查员，不断重复，直至审查员无修改意见，最后将最终版图纸交至施工方进行现场施工。

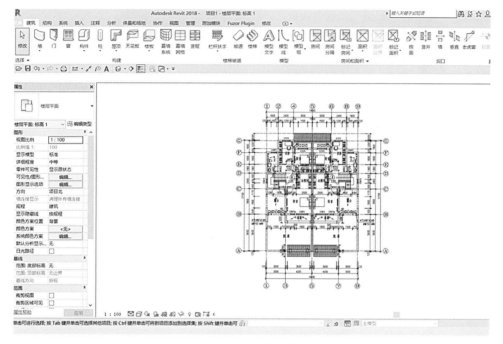

图 4-53　图纸审核

图片来源：黄心硕绘制

4.5　本章小结

本章基于徐州市铜山区单集镇八湖村集中居住区建设项目进行了BIM乡村统建住宅单体建筑协同设计流程的阐述。BIM作为核心的交流方式，甲方、设计人员、施工方进行了协同工作，其核心人员为设计人员，在设计总包的带领下，利用BIM乡村统建住宅单体建筑协同设计方式取代了传统的设计模式，提高了整个项目设计的效率，实现了不同地实时多向的交流，减少了设计人员的工作量，提高了设计阶段的工作效率。

八湖村项目作为不同于传统项目的案例，是新型农村建设的典范，其采用的设计流程也是不同于传统项目的设计方式，多专业同时并线地进行合作交流，从方案设计到深化到最后出施工图，这种新型的设计方式提高了设计效率，也使设计人员的工作量大大降低，同时降低了设计的误差。

从本项目BIM协同设计流程实践的效果可以看出，虽然相对于传统的设计流程，协同设计流程有很多优点，但仍有进步的空间，本书从以下方面进行说明。

软件的数据交换

作为一名设计师，需要掌握多种设计软件，这不仅是出于设计师自身的要求，也在于市面上的软件并不是十全十美的，每个软件都有侧重的方面，因此，为了减少建模的工作量，软件的数据互相转换是必须要考虑的一个问题。由于本项目的体量较小，难度也不大，所以在数据转换时出错率并不是很高，但是在一些大体量的项目中，数据转换的出错率是极高的。

团队协同方式

虽说团队内的协同方式相对于传统模式有很多优点，但是也有很多能够进步的空间，例如在开始进行材料选型时，需要与结构进行对应，要方便做建筑造型，也要方便安装，这在传统设计当中基本上是在深化阶段考虑，但是若在初步阶段考虑便能提高整个项目的效率，这也是协同方式优化的方向。

综上，本章对基于BIM的乡村统建住宅单体建筑协同设计流程进行了详细的讲解，也指明了一些不足，其相比于传统设计流程有了很大的进步，对于整个设计行业有着非常的意义。

参考文献

[1] 李云贵. BIM技术应用典型案例[M]. 北京：中国建筑工业出版社，2020.

[2] 张鹏飞. 基于BIM技术的大型建筑群体数字化协同管理[M]. 上海：同济大学出版社，2019.

[3] 刘程. 基于BIM平台的协同设计研究 [D]. 济南：山东建筑大学，2017.

[4] 杨博，李胜强，何勇毅. 基于工作集模式的BIM协同深化设计 [J]. 广东石油化工学院学报，2020, 30（4）：55-58.

[5] 沈玲玲. 基于协同模式的建筑设计管理平台的研究和实现 [D]. 上海：上海交通大学，2020.

5

基于 BIM 的乡村统建住宅
协同设计方法应用
——以 T&A House 为例

基于BIM技术的乡村统建住宅协同设计模式

5.1 项目概况

T&A House项目位于河北省张家口市张北县，总用地面积400m²，总建筑面积143m²，是由中国矿业大学与波兰克拉科夫科技大学联合设计的一座零能耗乡村统建住宅，T&A House设计团队基于BIM协同设计，建立了可视化、网络化、交互式的乡村住宅协同设计模式，实现了设计团队、政府、村民、施工方等多方参与及协作，满足了乡村振兴背景下统建住宅的标准化、产业化、多样化设计建造需求。项目效果图如图5-1所示。

图 5-1   T&A House 效果图和方案模型

图片来源：谢文驰、陈楠绘制

本项目为单层乡村统建住宅。建筑方面，设计采用传统合院式布局，符合北方农村住宅特点，基本的功能空间分为居住空间、公共交互活动空间、餐厅、中庭、交通空间、厨房、卫生间、设备间等。同时，所有功能空间都是可变的独立模块设计，根据业主不同的需求，可以有不同的组合类型。

结构方面，为了满足现场快速施工的要求，项目选择了模块化体系，整个建筑由4个结构模块组成，结构模块在项目合作企业——××集成房屋有限公司提前预制加工，该公司是全国知名的房屋模块化制造企业，其在河北省唐山市设有分公司，设计团队为了满足快速建造的目的，选择在该公司工厂完成钢结构模块的预制工作，同时集成外墙、设备和内装部分。将完成的4个模块运输到施工现场通过吊车进行拼装，利用快速拼装节点将4个模块组合为一个结构整体，2天时间即完成了所有的结构拼装。加工精度高、拼装速度快的模块化体系为作品的交付奠定了坚实的基础。

给水排水方面，基于超低能耗的分质水处理工艺：利用高效降解菌快速处理厕所废弃物，大幅度降低了污水处理的有机和氮污染负荷，从而将污水处理的能耗降低到2度以下。室内多功能景观生态水处理：利用室内中庭空间构筑一个景观生态水处理系统，集水处理、空间景观、室内温、湿度调节等多功能于一体，利用室温消除了冬季水处理的低温影响。水处理与能源系统功能耦合：利用水处理系统为地源热泵和地暖系统提供清洁水源，降低了由于水质降低而产生的热效率降低问题；处理后达到地表水Ⅳ类水标准，为室外跨季节储能水池和太阳能板的定期清洁提供清洁水源，达到水处理与能源系统的功能性耦合，保障建筑能源高效供给。

暖通方面，综合应用太阳能光热、太阳能光电、浅层地热、高效热泵，构建了一套以采暖为主兼顾制冷的暖通空调系统。该系统能够收集春、夏、秋三季的太阳能热量储存在大地中，冬季再提取出来使用，形成跨季节储能系统。

电气方面，设计采用太阳能光电、光热和地源热泵，通过多方面的可再生能源利用，为住宅提供了充足的能源保障。

项目最终入选2021年第三届中国国际太阳能十项全能竞赛（Solar Decathlon China，SDC）决赛阶段的比赛。

SD竞赛是由美国能源部（DOE）主办的以大学为参赛单位的建筑与能源科技竞赛。竞赛邀请20所大学设计、建造并运行一栋面积不超过800平方英尺（74m²）的太阳能住宅，并将其运往华盛顿国家广场进行为期一周的现场竞赛。竞赛期间，太阳能住宅的所有运行能量完全由太阳能光电、光热装置供给。经过对房屋性能进行一系列预设的客观指标测量以及由专家进行主观评价，给出十个单项比赛得分，并最终确定总分及名次。该竞赛创办于2002年，并于2005年、2007年和2009年举行了第二、第三和第四届。

2011年，中国国家能源局、北京大学与美国能源部在华盛顿签署《"太阳能十项全能竞赛"合作协议谅解备忘录》，这标志着"太阳能十项全能竞赛"（Solar Decathlon，简称SD）将于2013年首次在中国举办，即为中国国际太阳能十项全能竞赛（Solar Decathlon China，SDC）[1]。由于建筑能耗较高始终是我国能源与环境方面较为凸出的问题之一，SDC竞赛的举办是我国为摆脱高排放能源的依赖、重视新能源的应用推广所做出的具体措施，SDC竞赛平台的打造不仅可以锻炼和检验高校绿色建筑设计团队，更重要的是可以引发更多对节能减排的思考，可以起到很好的教育作用，并且有助于推广太阳能和节能产业的发展。

第三届SDC的比赛场地位于河北省张家口市张北县德胜村，项目以德胜村传统农宅为统建住宅设计原型，以解决德胜村统建住宅设计、建造、协同管理过程中出现的问题为目标，以乡村统建住宅零能耗为特色进行本次项目的设计与建造。

设计团队希望通过这次竞赛成果为乡村统建住宅在农村的发展应用提供借鉴和思路，并且希望能够以小见大探索新农村住宅绿色环保设计的可行之路。项目竣工实景如图5-2所示。

图 5-2 T&A House 实景

图片来源：林裕熙拍摄

图 5-2   T&A House 实景（续）

图片来源：林裕熙拍摄

5.2 BIM 协同策划

5.2.1 协同人员

T&A House设计团队是主要由中国矿业大学下属四个学院内的八个专业的教师和学生组成的跨专业合作团队，分别包括建筑与设计学院的建筑学专业、室内设计专业、景观设计专业，力学与土木工程学院的结构专业、工程管理专业，电气与动力工程学院的电气工程专业、能源动力工程专业和环境与测绘学院的环境工程专业。

整个设计团队共有65名成员，方案设计和协同建模工作主要由建筑、室内设计（简称"室内"）、结构、环境工程（简称"环工"）、电气工程（简称"电气"）、能源动力工程（简称"能动"）等专业在内的人员负责。不同专业分成不同的小组，专业内协同设计由每个组的组长负责牵头协同组内人员共同完成设计工作，专业间协同设计则由工程管理专业负责牵头协同各组组长完成设计的修改及深化工作，专业与非专业间的协同设计是由项目负责人牵头协同竞赛组委会、当地政府、施工方和村民在统一的第三方交流平台上完成项目的对接工作。具体人员架构如图5-3所示。

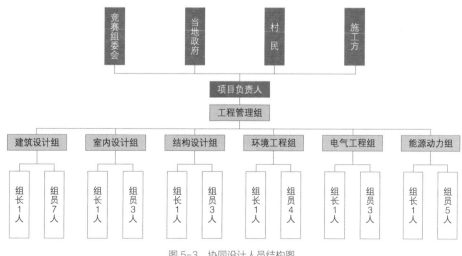

图 5-3　协同设计人员结构图

图片来源：芮阅绘制

在专业协同设计方面，每个专业都将在统一的BIM文件下建立各自专业的中心文件，并通过专业间的协同完成本专业的设计任务，最终以链接模式将各专业的BIM模型进行整合，如图5-4所示。

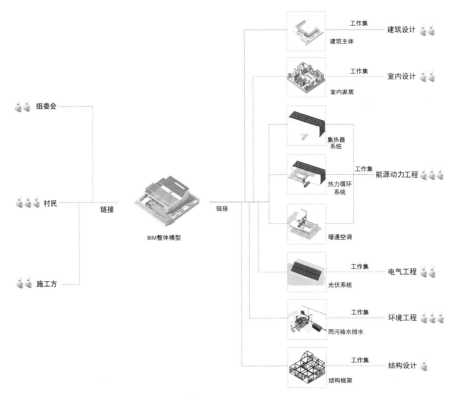

图 5-4   基于 BIM 的各专业协同框架

图片来源：谢文驰、陈楠绘制

5.2.2   软件选择

T&A House的设计是全部设计人员基于BIM平台的协同设计，因此在设计进行前，对于BIM软件的选择是首要环节。由于本书只涉及乡村统建住宅的设计阶段，所以重在选择合适的BIM建模和分析软件。鉴于T&A House是一个体量较小的住宅类建筑，所以选择普及度较高、易于上手的民用建筑领域BIM建模软件Revit软件为核心建模软件，并结合BIM模拟分析软件以及一些非BIM软件的辅助共同达到乡村统建住宅设计的目的。T&A House设计过程中的软件应用见表5-1。

T&A House 设计过程中的软件应用　　　　　　　　　　表 5-1

软件		专业					
软件类别	专业功能	建筑	室内	结构	电气	能动	环工
Sketch Up	概念模型	●					
Revit	专业建模	●	●	●	●	●	●
Navisworks	可视化、碰撞检查	●	●	●	●		●
Ecotect	性能模拟	●					
鸿业	全年负荷及能耗模拟	●					
盈建科	结构分析			●			
Simulink	仿真模拟				●		
Fluent	数值模拟与优化					●	
Photoshop/Lumion	后期/渲染	●	●				

表格来源：芮阅绘制

5.2.3　硬件系统

在T&A House设计中，BIM应用需解决包括多专业协调、专业间冲突检查、建筑性能分析等多方面的问题，因此，对计算机硬件的信息处理能力、数据运算能力和图形显示能力要求较高。项目团队依据BIM软件选择方案制订了所需的硬件系统配置。

操作系统：Microsoft® Windows® 10 64位；
CPU：Intel® Core™ i5-8400；
内存：8GB RAM；
显卡：支持Direct × 11显卡。

5.2.4　Revit 项目样板文件

T&A House各专业Revit样板文件（图5-5）的设置包括视图样板的设置、视图结构的设置和族库的建立。其中，视图样板需对模型中的线型、线宽、截面显示等类别进行设置和调整；视图结构即可直接显示模型的各个平面、立面、剖面和三维视图的项目浏览器；

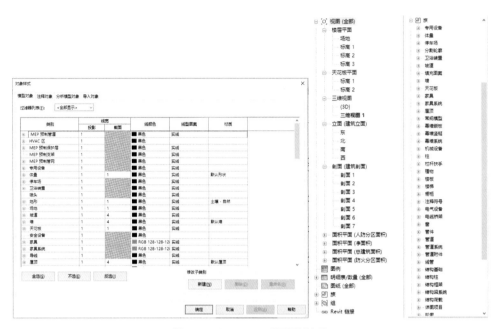

图 5-5　T&A House 项目样板文件

图片来源：芮阅绘制

Revit一般有自带的基本族库，也可以根据项目的需求创建族库，族库的完善程度越高，对项目的推进越有利。

5.2.5　Revit 协同命名规则

由于设计中参与人员较多，在Revit模型文件的命名时需要一个清晰规范的标准来提高所有参与人员对模型使用的准确性。根据实际项目的具体情况，对T&A House的模型文件命名规则为：

专业—类别—系统—描述—中心或本地文件.rvt

"专业"即标记模型文件是具体哪一个专业内的文件，针对T&A House项目，专业有建筑、室内、结构、电气、能动、环工六种；

"类别"即解释属于专业内哪一个具体的设计类别，例如电气专业有光伏系统类别和智能监测控制类别；

"系统"则是对各专业类别下细分的子系统类型的描述,例如环工专业给水排水类别的喷淋系统;

"描述"是用于说明文件中的具体内容,可根据实际情况选择是否添加;

"中心或本地文件"是针对使用工作集的文件,"–CENTRAL"表示中心文件,"–LOCAL"表示为本地文件。

5.2.6 注释标准化

T&A House各专业采用了统一的标注和注释(图5-6),通过套用统一的注释和标记样板保证作图的规范统一。

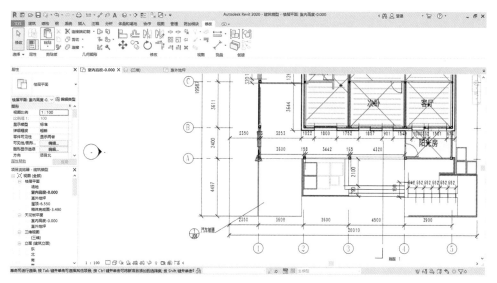

图 5-6   T&A House 统一标注样式

图片来源:苗舒康绘制

5.2.7 视图标准化

T&A House团队为了满足各专业构件、系统、线型和填充等不同要求,采用了统一配置好的视图样板(图5-7)。不需要操作便可以直接调用,大大提高了项目的设计效率和出图的质量。

图 5-7　T&A House 统一视图样板

图片来源：苗舒康绘制

5.2.8　图例标准化

不同的专业在图纸中都有不同的图例显示，而不同的设计人员也因不同的设计习惯从而使用不同的图例。为了达到设计标准化，T&A House设计团队统一平面图例表达（图5-8），达到各专业内部和专业之间图例的统一。

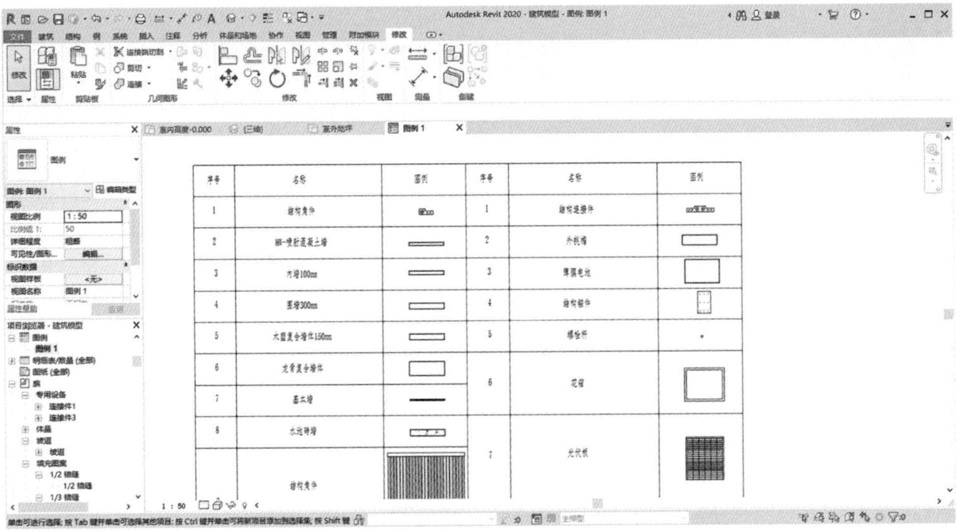

图 5-8　T&A House 标准化图例

图片来源：苗舒康绘制

5.2.9　模型细度原则

美国建筑师协会（American Institute of Architects，简称AIA）2008年发布的E202号文件中，以LOD（Level of Development）来描述BIM模型在整个生命周期的不同阶段中不同构件应该达到的完成度[2]。T&A House设计根据行业自身的需求借鉴了此分级制度，并制定符合国情的项目级LOD标准，见表5-2。

T&A House 项目级 LOD 标准　　　　　　　　　　表 5-2

序号	模型精度等级	内容
1	LOD100	等同于概念方案设计，此阶段的模型通常为表现建筑整体类型分析的建筑体量，分析包括体积、建筑朝向、每平方米造价等
2	LOD200	等同于初步设计，此阶段的模型包含普遍性系统，包括大致的数量、大小、形状、位置以及方向。LOD 200模型通常用于系统分析以及一般性表现
3	LOD300	模型单元等同于传统施工图和深化施工图层次。此模型可用于成本估算以及施工协调，包括碰撞检查、施工进度计划以及可视化。LOD 300模型应当包括在BIM交付规范里规定的构件属性和参数等信息
4	LOD400	此阶段的模型可用于模型单元（水暖电系统构件）的加工和安装
5	LOD500	最终阶段的模型表现项目竣工的情形。模型将作为中心数据库整合到建筑运营和维护系统中去。LOD 500模型将包含业主BIM 规定的完整构件参数和属性

表格来源：苗舒康绘制

概念方案阶段，通过模型进行体量推敲，模型包括了基于体量的面积、朝向等因素；对于总图及场地，均以模型体量属性进行还原及推敲，故而深度达到LOD100同等标准。

初步设计阶段正式开始基于体量模型所生成的平面及立面创建土建整体BIM模型，包括建筑专业的墙、门、面层等以及结构专业的梁、柱及剪力墙，深度普遍达到LOD200标准，部分关键区域达到LOD300标准；同时根据外立面体量推敲，初步建立幕墙体系，设备专业进行初步系统及平面图绘制，深度达到LOD100同等标准。

深化设计阶段，土建模型进行深化及完善，所有构件达到LOD300标准，部分关键、复杂部位为保证模型的可传承性，建模至LOD400同等标准；设备专业细化初步设计模型，并考虑管线综合排布以达到LOD300标准，机房等重点部位按照LOD400标准考虑设备的安装空间等因素。涉及施工图变更的部分，模型深度同样达到LOD300标准，必要时按照LOD400进行考虑。

关于室内配合阶段及景观设计阶段，模型达到LOD300同等级别，同时对于有特殊效果要求及三维形式复杂的部位可相应深化模型，为室内设计及景观设计提供大样底图。

5.2.10　模型拆分原则

为了使设计进度及工作效率得到更好的保证，也为了使BIM技术成为设计的助推器而不是拦截者，在项目开始之前，先对项目整体情况按照建筑面积及T&A House中BIM工程中心的设计习惯进行评估，确保单体模型大小不超过200MB。T&A House项目首先按照专业将模型拆分为建筑、结构、电气三个部分，然后对各专业模型再进行逐步细分。但是考虑给水排水、电气以及暖通三个专业的沟通性以及管线综合的便利性，三专业将在同一个模型中进行设计。

5.2.11　第三方交流平台创建

为了方便设计团队与竞赛组委会、当地村民和施工方的交流与合作，项目选取第三方协同平台——协同大师作为协同交流软件，基于协同大师的多方沟通、合作可以更加方便、直观地向竞赛组委会、当地村民和施工方展示项目进度与成果。协同软件界面如图5-9所示。

图 5-9 T&A House 第三方协同软件界面

图片来源：苗舒康绘制

5.3 基于 BIM 的模型创建

5.3.1 方案设计阶段的协同设计

5.3.1.1 项目地点现状调研

1）张家口地区气候特征

本项目位于河北省张家口市，处于东经113°50′至116°30′，北纬39°30′至42°10′之间，属于寒冷地区。张家口属于温带大陆性季风气候，四季分明，冬季盛行西北风，夏季盛行东南风，主导风向为西北风。下面将从温度、湿度、日照和风环境方面阐述张家口地区气候特征与零能耗技术选择之间的关系。

根据张家口市典型气象年的气象数据资料整理得出张家口市月平均温度（图5-10）。张家口市7月平均温度最高，1月平均温度最低，1月平均最低温、最高温都在零度以下。根据我国住宅建筑采暖期室外临界温度为5℃的标准，张家口市日平均温度不大于5℃的天数不少于145天，故张家口市的供暖期为期5个月（11月到次年3月）。因此，在乡村统建住宅的被动式设计策略中，需要考虑以冬季保温为主，提高围护结构的保温性能和建筑气密性都是需要优先考虑的事项，同时需要控制保温采暖的能源消耗。

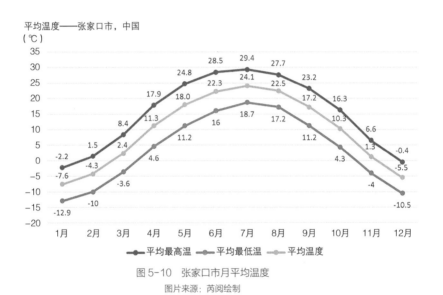

图5-10　张家口市月平均温度

图片来源：芮阅绘制

张家口市平均降雨量、平均降雨天数，平均相对湿度如图5-11所示。张家口平均年降雨量为403.6mm，降雨量偏少且主要集中在夏季，7月平均降雨量最大，降雨天数也最多。春季相对最为干燥，4、5月平均相对湿度都只有38%。当住宅室内湿度低于40%时，灰尘和细菌等易对老人和小孩的呼吸系统造成不适甚至引起呼吸道疾病。所以，提高春季室内的相对湿度是提高室内舒适性和健康度的重要手段之一。

张家口地区平均日照时间在9h以上，一年中有7个月平均日照时间不小于12h。据统计，河北省全省太阳能年总辐射在1450~1700kWh/m²之间，太阳能资源十分丰富。将张家口的气象数据导入Weather Tool中可分析全年太阳辐射（图5-12），丰富的太阳能资源使太阳能在发电、发热方面成为极具前途的可再生能源之一。

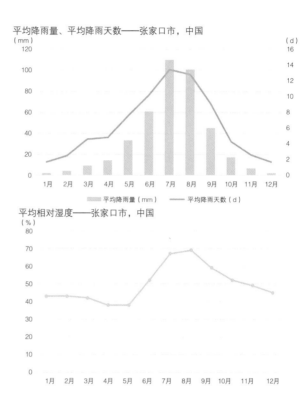

图 5-11　张家口市平均降雨量、平均
降雨天数，平均相对湿度

图片来源：芮阅绘制

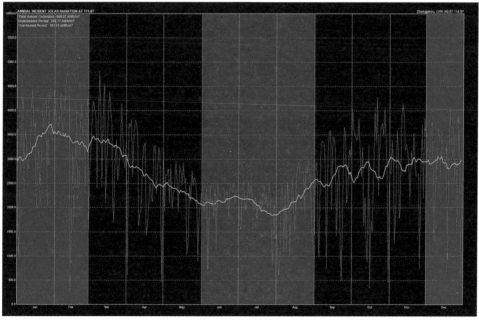

图 5-12　张家口市太阳能辐射分析

图片来源：芮阅绘制

张家口市风频如图5-13所示，平均风速见表5-3。张家口冬季盛行西北风，春、冬季风速较大，4月平均风速最大，可达3m/s，夏季风速较小。在西北风的主导风向下，张家口建筑需考虑北面和西面墙体的保温隔热措施以抵御寒风，对建筑的平面功能布局和围护结构材料都有一定要求。丰富的风能资源也为可再生能源的利用创造了优质条件。

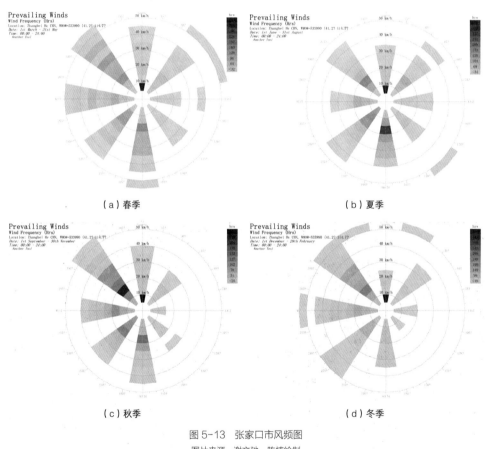

（a）春季 　　　　　　　　　　　（b）夏季

（c）秋季 　　　　　　　　　　　（d）冬季

图 5-13　张家口市风频图

图片来源：谢文驰、陈楠绘制

张家口市平均风速　　　　　　　　　　　　　　表 5-3

月份	1	2	3	4	5	6	7	8	9	10	11	12
平均风速（m/s）	2.8	2.8	2.8	3	2.8	2.3	2.0	1.9	2.1	2.4	2.5	2.6

表格来源：芮阅绘制

在进行设计前，建筑专业人员可利用Ecotect对张家口地区进行气候分析，得出有利于零能耗目标实现的被动式策略建议，如图5-14所示。通过模拟分析得出张家口地区通过增强围护结构蓄热能力和利用夜间通风降温可获得较明显的设计效果；在利用被动式太阳能进行采暖方面，全年都具有一定效果，其中4、5、9、10月利用太阳能采暖的作用最大；在夏季，不管是直接蒸发降温技术还是间接蒸发降温技术都具有一定效果，以7、8月效果最为显著。再者，根据软件焓湿图分析，张家口地区的被动式设计应该着重于冬季防寒保温方面，其中通过被动式太阳能得热、增强围护结构蓄热能力的设计效果最佳，是设计时需要重点利用的措施。

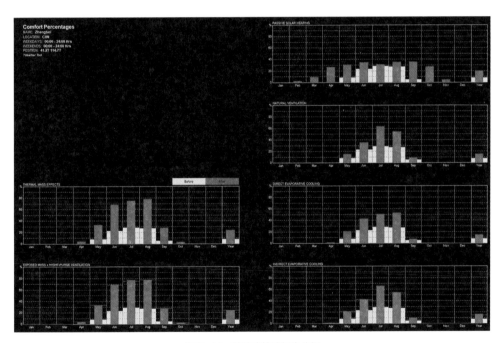

图 5-14　被动式策略组合分析

图片来源：谢文驰、陈楠绘制

2）张家口农村住宅能耗现状

农村住宅的居住形态有别于城市住宅，主要体现在其需满足的居住功能和生活习惯上。张家口新农村地区的住宅多具有多代同居的功能，必要时还可满足居住和部分生产功能并重，贴近自然，在功能布局和取材用材方面都有一定的地域特征。

平面布局：张家口农村地区的住宅功能结构较为简单，主要满足居民日常烹饪、用餐、会客、睡眠等需要，所以具有厨房、餐厅、厅堂、起居室和卧室等功能。目前张家口地区的农村住宅主要有单层和二层两种形式，可满足两代人或三代人居住[3]。由于本项目的设计要求为单层住宅，所以仅对单层住宅形式进行分析。

图5-15（a）是典型的三开间式住宅，各房间面宽约为3m，进深一般在5m左右，一般供两代人居住。房间布局以厅堂为中心展开，厅堂与厨房并用，东西两侧各设一间卧室。卧室的火炕与灶台相连，通过灶台的余热来加热火炕给房间供暖，厅堂不供暖，在冬季可作为室外与卧室之间的过渡空间以保证卧室的采暖。有的家庭不采用火炕进行采暖，则会将厨房设置在正房外与倒座相连，室内采用煤炭暖炉进行采暖。厕所一般坐东朝西设置在室外。

图5-15（b）为五开间的住宅形式，功能布置原理与三开间类似，一般可满足三代人居住。随着生活质量的提高，人们的居住生活需求有所改变，比如更倾向于一个相对独立的会客空间和较为私密的卧室环境以及室内卫生间；其次，老式住宅中厨房没有排风排

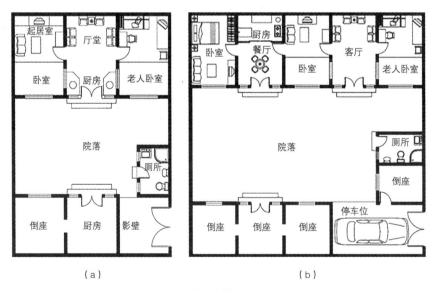

（a）   （b）

图 5-15 张家口农村典型住宅平面图

图片来源：芮阅绘制

烟等设备，做饭时产生的蒸汽弥漫全屋，对居住质量造成影响。而对于采用火炕和煤炉进行采暖的形式也存在诸多不足。

能源利用：张家口地处寒冷地区，冬季采暖需求较大。在农村地区，冬季大都采用火炕和煤炉两种形式进行采暖，这两种能源使用方式都体现出浓浓的地域特征，但是实际效果却不尽人意。火炕供暖的原理是利用大灶做饭时产生的热量来传递能量，采暖的间歇性、不均匀性和温度不可控性明显。火炕所燃烧的材料以稻草、枯树枝、秸秆等为主，可就地取材，成本较低，但是燃烧时会产生大量尘烟和有毒气体，不利于身体健康和环境保护。煤炉的使用也会对能源与环境造成一定影响。住宅中生活热水的供应一般靠煤、液化气或电提供，村民大多还是偏爱传统能源利用方式，张家口地区丰富的太阳能资源和生物质能资源利用的占比较小。

结构形式：张家口农村住宅的结构形式多样，主要有砖木结构、砖混结构和土木结构，具有当地特色的土窑洞现已不多见。其中，以砖木结构最为常见，其次是土木结构。农村住宅以村民自建为主，建造材料大多选用当地的红砖、石材、木材等，资源丰富，易于获得，但是整个设计建造过程中全凭个人经验，缺乏专业人员参与，有些地方存在安全隐患和不合理之处。

围护结构：张家口农村地区住宅的围护结构性能有待提高。满足冬季保温需求是设计的主要目的，但是目前大部分住宅的墙体和屋顶并没有保温措施，少部分有保温措施的住宅也不能满足规范要求和节能标准。住宅开窗面积不合理、气密性较差、没有特殊的保温处理，导致大量的热量损失，影响建筑的整体节能效果。

张家口地区农村住宅的形式较为传统，平面功能布置和能源利用形式都具有当地特色，但是节能措施利用不多，整体节能水平有待提高，具体存在的问题较多。近几年，张家口市着力于打造"山青、水秀、田彩、路畅"的新农村，目前已有多个自然村落进行综合整治和高标准改造，农村住宅在建造技术上有了很大提高，可再生能源也得到很大程度的利用，这为本项目中乡村统建住宅的设计提供了有利的政策优势和设计基础，也有利于提高村民的接受度。

T&A House是针对张家口新农村地区现存的居住舒适度低、能源消耗大等问题的示范性住宅，为当地住宅提供一种零能耗的设计概念，为今后新农村低能耗住宅的建设提供技术参考。在实际的使用中，考虑到大规模农村住宅建筑的经济性要求，在建造时可有目的性地对T&A House 中的零能耗技术进行筛选，或通过简化部分设备来降低成本，旨在为张家口新农村乡村统建住宅建设提供可供选择的技术模板。

5.3.1.2 设计策略选取

在设计框架上，团队同时参考SDC竞赛评估体系和零能耗住宅优化体系，将两者的要求落实到具体的设计中，搭建出乡村统建住宅优化体系（图5-16）。SDC竞赛评估体系包括建筑设计、能源、环境舒适、社会经济和设计策略五个方面，并在此基础上扩展为十项具体评估条例。而从乡村统建住宅的技术层面出发，可用被动式设计技术和主动式设计技术来划分，在设计时，各专业基于BIM平台进行全过程的协同设计，对主被动设计提

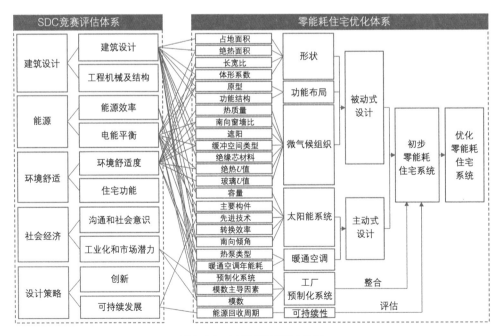

图 5-16 乡村统建住宅优化体系
图片来源：谢文驰、陈楠根据SDE规则改绘

出的具体设计策略，一方面满足相对应的SDC评估要求，另一方面再进一步优化整体性能以实现最终零能耗。

T&A House所涉及的相关技术措施如图5-17所示。被动式设计主要在创造良好的采光通风条件、营造优美适宜的景观环境、提高围护结构性能和降低冷热负荷四个方面起到节能效果[4]。设计团队提出了一系列建筑设计方法，如优化建筑朝向、控制体形系数、引导良好的自然采光、加强自然通风、提高围护结构保温隔热性能、辅助室内外冷热气流的置换以及设置缓冲空间蓄热与放热等，旨在通过建筑自身的形体设计和空间利用来使住宅减少对传统能源系统的依赖，初步实现低能耗。主动式设计在供暖制冷、热力循环、水源回收和智能控制四个方面通过机械节能设备的选用来降低能耗。主动式技术措施包括新风一体机、中央空调系统、冷却供暖吊顶、地暖供暖、雨水回收利用和智能照明等高效节能电器。主动式是在被动式设计的基础上，进一步优化室内居住环境，提高住宅节能效果和智能化家居体验。在可再生能源利用方面，T&A House主要利用太阳能光伏、太阳能光热和光伏建筑一体化等技术来满足室内的用电、热水及供暖需求，达到能耗平衡。T&A House的零能耗技术集成和智能控制系统如图5-18所示。

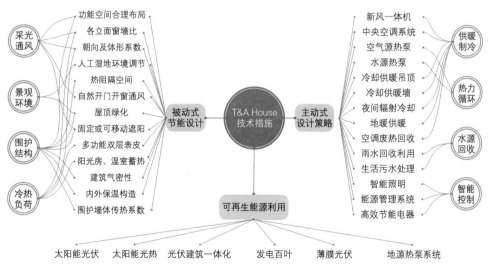

图 5-17 T&A House 技术措施

图片来源：谢文驰、陈楠绘制

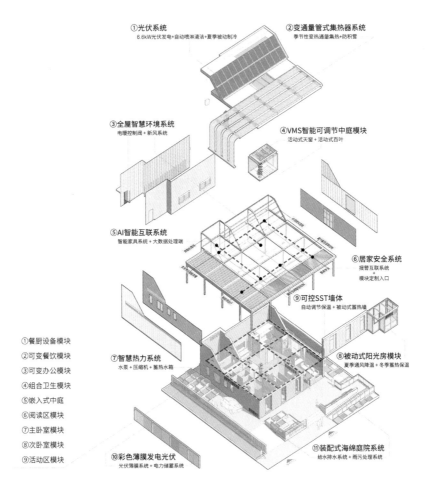

①光伏系统
6.6kW光伏发电+自动喷淋清洁+夏季被动制冷

②变通量管式集热器系统
季节性变通量集热+防积雪

③全屋智慧环境系统
电暖控制阀+新风系统

④VMS智能可调节中庭模块
活动式天窗+活动式百叶

⑤AI智能互联系统
智能家具系统+大数据处理端

⑥居家安全系统
报警互联系统
+
模块定制入口

⑨可控SST墙体
自动调节保温+被动式蓄热墙

①餐厨设备模块
②可变餐饮模块
③可变办公模块
④组合卫生模块
⑤嵌入式中庭
⑥阅读区模块
⑦主卧室模块
⑧次卧室模块
⑨活动区模块

⑦智慧热力系统
水泵+压缩机+蓄热水箱

⑧被动式阳光房模块
夏季通风降温+冬季蓄热保温

⑩彩色薄膜发电光伏
光伏薄膜系统+电力储蓄系统

⑪装配式海绵庭院系统
给水排水系统+雨污处理系统

图 5-18　T&A House 的零能耗技术集成与智能控制系统
图片来源: 谢文驰、陈楠绘制

5.3.1.3　概念方案设计

基于当地气候特点、建筑特色与能耗现状对建筑物的朝向、平面功能以及整体造型等进行初步方案设计，并通过Revit软件进行建模，用三维模型直观表达方案设计的结果，初步方案BIM模型如图5-19所示。

概念方案设计完成后，T&A House设计团队与竞赛组委会、当地政府、公众和村民进行了多方协商（图5-20），吸取竞赛组委会、当地政府和村民的意见，并对方案进行调整。

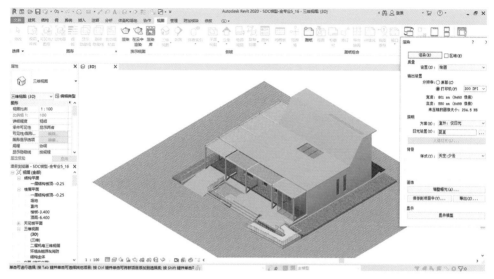

图 5-19　T&A House 初步方案 BIM 模型
图片来源: 苗舒康绘制

图 5-20　T&A House 设计团队与竞赛组委会、当地政府、公众和村民进行多方协商
图片来源: 王新宇拍摄

5.3.2　初步设计阶段的协同设计

5.3.2.1　场地设计中的专业间协同

在进行场地设计时，首先由建筑专业对场地进行建模分析，初步了解场地环境，根据设计需求和场地特征划分各功能的区域位置。结构专业通过对场地的勘测提出基础设计方案，并与住宅初步方案进行协同以选定合适的基础及住宅结构。在T&A House的场地设

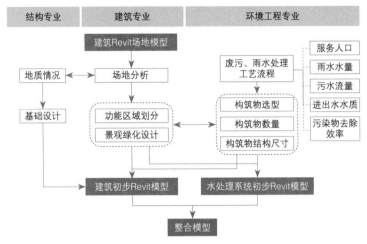

图 5-21   场地设计协同设计方法

图片来源：芮阅绘制

计中还需要将废污处理纳入考虑，需要由环境工程专业人员设计相关工艺流程，再与建筑专业沟通确定最佳设备布置方式。具体的协同设计方法如图5-21所示。

建筑专业首先对场地进行功能区域划分。由于场地较为方正，结合住宅方案设计，将住宅主体置于场地中心，北侧及西侧主要用于设备布置及停车场的规划，场地东侧布置景观，南侧则为入户空间。在确定大致功能区域后，建筑设计人员进行场地布置的深化。南侧入户空间细化为入户交通空间、屋前平台和入户平台。交通空间主要满足人流和车流，汽车从西南角驶入停车场，人流可从中间平台踏入或东南角坡道进入，流线互不干扰。屋前平台景观采用了海绵庭院的形式，与环境工程专业的雨水循环系统相结合，海绵庭院的多层构造可对雨水进行净化处理，用于景观植物灌溉，剩余的雨水则可收集到蓄水池中。此外，环工人员提出将场地西北侧设计为多级垂直潜流人工湿地，一方面可提高除磷率，保证水处理效果，另一方面不易结冰堵塞，可丰富场地景观，提升观赏性。

场地北侧空间主要用来放置水处理设备，环境工程师首先根据设计要求收集资料，对张家口地区的雨水水量、污水水量、进出水水质、污染物去除效率进行计算并明确设计指标，初步分析后提出了一套适合本项目的体积小、耗能低、生态友好的水处理工艺流程方案（图5-22）。在工艺流程中所需的水处理构筑物大都采用地埋形式，环工人员对构筑物进行了初步设计并反馈给建筑人员，然后在深化阶段提供确切的构筑物数量和结构尺寸，建筑人员再结合住宅占地面积和景观设计对场地进行系统调整与优化。最终形成的场地设计方案如图5-23所示。

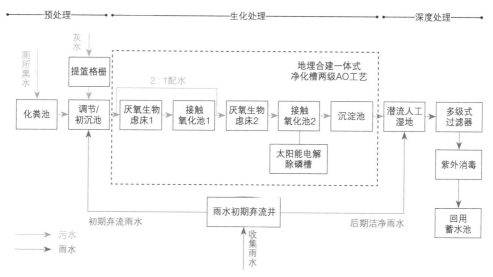

图 5-22 水处理工艺流程

图片来源：谢文驰、陈楠绘制

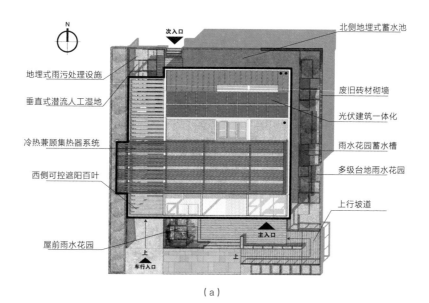

（a）

图 5-23 基于 BIM 的场地设计

图片来源：谢文驰、陈楠绘制

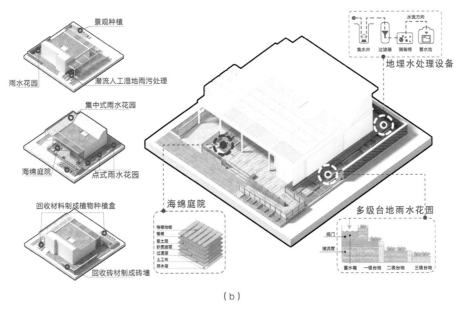

（b）

图 5-23　基于 BIM 的场地设计（续）

图片来源：谢文驰、陈楠绘制

5.3.2.2　形体设计过程中的专业间协同

对住宅形体进行设计的第一步就是确定住宅的朝向，建筑专业将张家口市的气候资料导入Ecotect中的Weather Tool进行分析，得出了热辐射最佳朝向，如图5-24所示。最外圈的黄色圆圈部分表示最佳朝向范围，黄色箭头代表最佳朝向为172.5°，即南偏东7.5°。在前期分析中得出张家口新农村住宅的朝向多为正南方向，在软件模拟的最佳朝向范围内，是有利于光伏组件获取更多的太阳能资源的朝向。

在T&A House的形体设计中，建筑专业从张家口新农村现有的住宅形态出发，选择了适合当地气候的紧凑型布局，在减小体形系数和提高保温采暖性能方面都具有一定优势。此外，在体形设计时积极呼应当地气候特征（图5-25），根据主导风向将住宅北侧抬高减少西北风的影响，并考虑在抬高的顶部开洞，利用烟囱效应通风。为改善紧凑型布局对内部空间采光、通风的不利影响，在形体中间置入了中庭，起到采光采暖、雨水收集净化再利用、微气候调节等功能。屋顶的斜坡设计则是出于光伏板的布置与光伏建筑一体化设计的考虑。

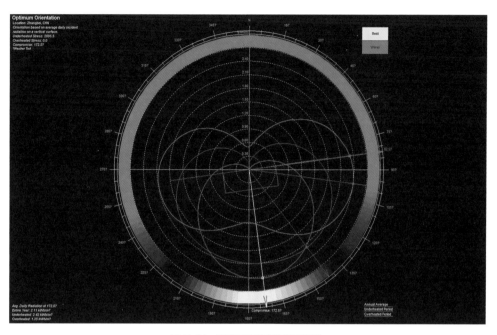

图 5-24　张家口市热辐射最佳朝向

图片来源：谢文驰、陈楠绘制

夏季盛行东南风;冬季以西北风为主

选址风向　东南风

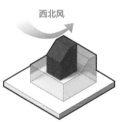

设备间用于缓冲隔绝冷空气

辅助空间 冬季防风

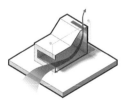

北侧屋面夏季热压通风

烟囱效应 夏季通风

温室房间蓄热保温，多功能

中庭、阳光房 采光采暖

中庭、室外景观雨水净化

雨水收集回收

避免冬季积雪影响发电

建筑光伏一体化

图 5-25　气候特征对形体设计的影响

图片来源：谢文驰、陈楠绘制

在初步建筑形体生成后,电气工程专业和能源动力工程专业针对住宅的供热供暖要求提出光伏系统、集热器系统的设计想法,并根据光伏系统和集热器系统的设计需求对住宅形态提出修改建议,三个专业通过专业间的协同,共同优化住宅形态,也为可再生能源的利用提供条件。具体协同设计方法如图5-26所示。

集热器系统设计人员计算得出所需的屋顶集热器面积约为90m²,这一面积可满足住宅冬季室内全天的供暖需求。对于集热器的选择,设计人员提出采用一种新型的管式集热器,不仅节省了集热器面积,还增加了有效集热面,提高了集热效率,并且符合建筑一体化设计要求。设计人员利用Fluent对集热管进行数值模拟,初步进行热管材料的选型。

建筑专业人员根据集热器系统设计人员提供的面积需求和管式集热器的形式对住宅的屋顶造型进行修改。由于集热器的体量较大,现场安装难度大,所以选择将其拆分为12个较小的体量,减小了集热器体量的同时保证了集热器的集热性能。集热管整体BIM模型如图5-27所示。在排管布置时,为了避免相邻横管之间的遮挡并为积雪滑落留出空间,

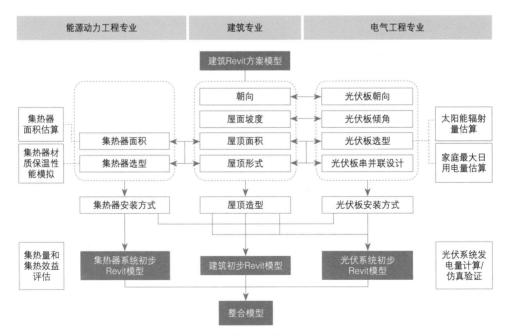

图 5-26　住宅形体的协同设计方法

图片来源:芮阅绘制

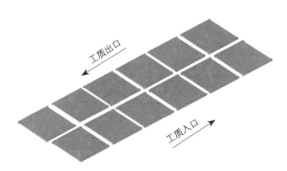

图 5-27　集热管整体 BIM 模型
图片来源：苗舒康绘制

集热器设计人员根据太阳高度角进行最小间距的计算，得出两根相邻横管最小间距为40mm。以每18根为一簇，每簇间预留200mm检修通道的方式进行布置。根据集热管面积与性能计算出蓄热水箱体积，以串联方式布置在建筑北侧凸起风塔内，高度与集热管一致。这样布置可以保证从地下集热管进入集热管的待加热工质加热后可以快速到达蓄热水箱，减少沿程热量损失。这种布置方式可基本实现建筑一体化的管式集热器设计。

在确定建筑的朝向和概念形体之后，电气工程专业负责光伏发电系统的设计人员就开始介入设计。首先确定光伏组件的朝向应与建筑朝向一致，为正南方向，这样可以使光伏组件吸收更多的太阳能。其次，由于倾斜的光伏组件比水平的光伏组件具有更高的能源效率，并且结合建筑光伏一体化设计的考虑，将概念设计时暂定的单面斜撑式光伏板安装方式优化为将光伏板直接安装于屋面斜坡上，光伏组件倾角为45°。

光伏系统设计人员通过对张家口太阳能辐射量和张家口新农村住户家庭最大日用电量进行分析计算，确定T&A House的光伏发电系统采用不可调度式并网发电，并对光伏组件、逆变器、电表等部件进行选型。根据选型可以计算出光伏组件的串并联设计，T&A House的光伏系统首先将10块330W的光伏组件串联，再将这样的两路组件并联，最后将20块光伏组件接入逆变器逆变。光伏系统人员将这一结果反馈给建筑设计人员，建筑设计人员在最初只将西北侧设备间的屋面倾斜处理的基础上向东延长倾斜屋面形成北部屋顶的完全倾斜设计，这个斜面可以放置24块300W的光伏组件，在不破坏集热管布置的同时满足了光伏组件布置的要求，并且形成光伏建筑一体化设计。光伏系统设计人员在BIM

（a）光伏组件BIM模型　　　　　　　　（b）逆变器、配电箱BIM模型

图 5-28　光伏系统 BIM 模型

图片来源：谢文驰、陈楠绘制

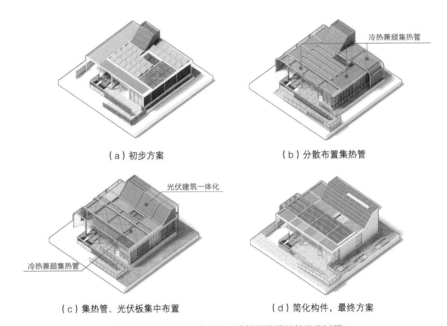

（a）初步方案　　　　　　　　　（b）分散布置集热管

（c）集热管、光伏板集中布置　　　　　　（d）简化构件，最终方案

图 5-29　集热器、光伏板对建筑形体设计的优化过程

图片来源：谢文驰、陈楠绘制

建筑模型基础上建立光伏系统模型，逆变器与配电箱置于设备间，如图5-28所示。集热器、光伏板对建筑形体优化的过程如图5-29所示。

5.3.2.3　平面功能布置中的专业与非专业协同

在对统建住宅的整体造型进行设计的同时，建筑设计人员也对住宅的平面功能布置进行设计，并根据当地村民意愿对住宅形态的优化做出相应调整。在德胜村村民现有的家庭构成、功能布局及村民诉求的基础上，结合当地农村地区传统线性平面布局形式的优缺点分析，建筑人员提出了紧凑式和分散式模块化的布局方式，这两种形式都通过大小空间的不同组合，使住宅的室内空间灵活多变，可满足不同家庭构成和不同生活习惯的使用需求。但是，分散式比紧凑式的交通流线长，使用便利性上稍差，并且在寒冷的张家口地区，紧凑式布局可以降低建筑的体形系数，具有更好的热舒适性。结合建筑形体设计和通风采光研究，最终采用了中心庭院式空间原型，T&A House的空间组织与空间原型的选择如图5-30所示。

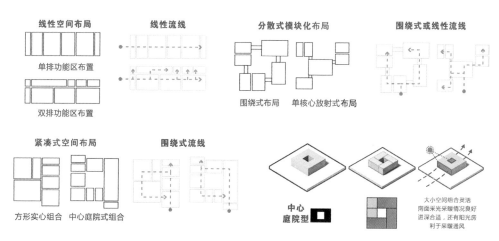

图 5-30　空间组织与空间原型选择

图片来源：谢文驰、陈楠绘制

在确定住宅的空间原型后，建筑专业在Revit中确定柱网的划分并进行平面功能的合理布置，结构专业在此基础上进行模块单元的划分，室内专业基于当地村民的日常生活调研和基本诉求分析，决定采用可变家具的设计来实现灵活变化的空间，满足不同村民的需求。对于T&A House平面的布置需要建筑专业、室内设计专业和结构专业协同当地村民进行设计，四者间的协同设计方法如图5-31所示。

考虑到张家口气候的影响，T&A House的平面布局遵循的主要原则为：将主要生活空间放在南、东面，将次要生活空间放在北侧，将辅助空间放在西北角，将庭院置入中间位置。这种布局也是寒冷地区常用的方式，主要生活空间南置以保证日常生活所需的采光与采暖，辅助空间北置可以抵御西北寒风，降低建筑热负荷。

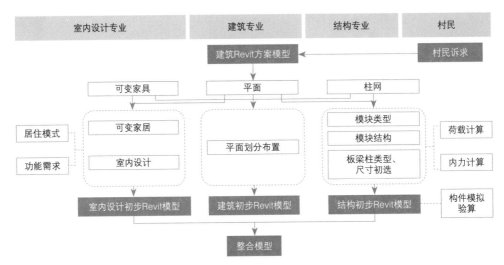

图 5-31　平面布局的协同设计方法
图片来源：芮阅绘制

建筑专业将空间平面原型提供给室内设计专业，室内设计人员根据德胜村村民不同的意愿定义了不同居住模式，具体空间居住模式如图5-32（a）所示。进一步将平面分为常用的不可变空间与灵活的可变空间来满足不同模式下的空间使用需求，如图5-32（b）所示。室内空间的灵活性体现在：次卧区可根据家具的拆卸、组装、搭配形成"茶室+棋室""客卧""茶室+客卧"和"次卧+次卧"四种模式；公共活动空间通过联动门的使用

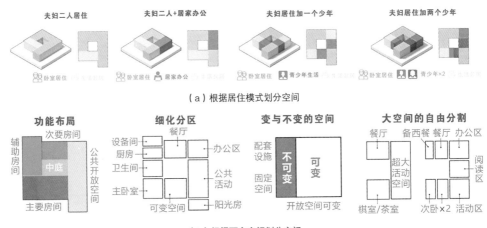

（a）根据居住模式划分空间

（b）根据可变空间划分空间

图 5-32　空间划分形式
图片来源：谢文驰、陈楠绘制

形成健身、游戏区域和办公学习空间两种模式；用餐区主要是通过折叠操作台的使用可临时提供一个西餐无烟备餐区，满足不同的用餐习惯。

整个住宅面积较小，柱网不宜过大，结合平面功能的划分，以房间面宽为标准定义柱网，最终用四种模块类型合理划分了不同功能区，如图5-33（a）所示。根据最终的住宅形体，在北侧抬高部分适配了斜坡模块以满足坡屋面的稳定性和安全性。完成模块划分后，结构专业建立了结构初步BIM模型如图5-33（b）所示，通过荷载和内力计算，对每个模块的框架结构和连接形式进行设计与用材选择。

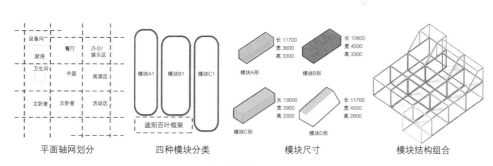

（a）模块划分形式

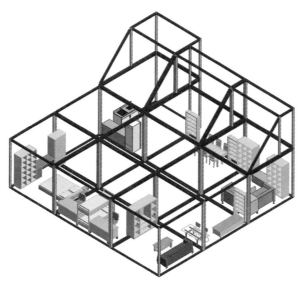

（b）模块BIM模型

图 5-33　模块划分形式与 BIM 模型

图片来源：谢文驰、陈楠绘制

由于SDC竞赛要求在21天内建造出所设计的乡村统建住宅，设计团队与某集成房屋有限公司合作协商，最终选择住宅模块化和预制装配式形式，并构建了统建住宅模块化预制加工方案及最终赛场运输方案。因为该公司是国内专业做房屋模块化的公司并且在河北靠近比赛场地有分部工厂，所以T&A House模块化预制加工选择在其河北工厂内部进行，由设计团队派人员与河北工厂施工方人员对接，进行现场对接协同，指挥模块的预制与运输工作。

5.3.2.4　性能化设计中的专业间协同

T&A House的性能化设计即提高室内舒适度，主要从以下三个方面出发：通过建筑立面的被动式设计以降低建筑能耗、提高围护结构的性能降低单位面积热负荷、采用环保节能且具有地域特色的材料。具体的协同设计方法如图5-34所示。

住宅南立面和东立面有较好的自然采光采暖条件，因此这两个立面设计主要是针对太阳能的利用，西立面和北立面则以抵御西北风、保温为主要目标。建筑专业针对四个立面进行了不同的设计（图5-35）。南立面使用了特朗勃墙的变型SST墙，通过控制外墙顶部和底部通风口的开合来控制室内外冷热气流的对流，使室内始终保持较为舒适的气流

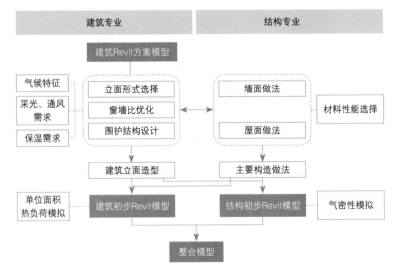

图 5-34　建筑性能化协同设计方法

图片来源：芮阅绘制

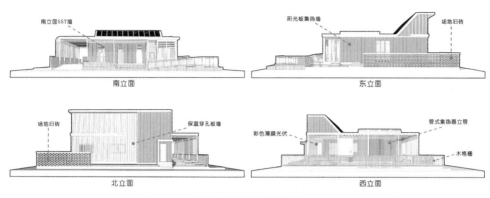

图 5-35　立面处理模型
图片来源：芮阅绘制

环境。东立面设置了特朗勃墙的另一变型——阳光板集热墙。北立面采用了保温穿孔板墙，西北侧的设备间立面采用了保温阻风板，都为冬季保暖做出了贡献。西立面在停车位的西侧布置了木格栅和彩色薄膜光伏，因其在弱光下也有较好的发电效果，所以可用作小型充电站满足汽车出行。此外，为了贯彻节能环保、绿色建造的设计理念以及体现张家口农村的地域性特点，场地东侧的围墙使用了当地的红砖，半开放的形式对场地空间起到一定限定作用，也是设计理念的充分体现。

除了采用不同形式的立面设计来降低住宅能耗，立面的开窗位置和大小也是影响住宅能耗的重要方面之一。建筑专业在自然采光、自然通风等因素的相互制约下，利用Ecotect软件模拟分析不同开窗对室内环境的影响，从而确定开窗限值范围。在优化调整确定住宅的开窗形式后，又利用Ecotect软件对该开窗形式下室内的自然采光和通风情况进行模拟验证，见表5-4、表5-5。

在现有立面造型基础上，建筑与结构专业协同设计围护结构构造做法，以提升围护结构保温性能为目标，结合寒冷地区常见外保温构造做法，建筑专业设计选取挤塑聚苯板与岩棉保温板作为主要保温层材料，ALC混凝土预制板作为主要承重材料，欧松板与硅酸钙板作为结合层。考虑到模块化建造特点，结构专业将T&A House划分为4个钢结构模块，在工厂预制框架并铺设岩棉保温板和欧松板，协同环境工程、电气工程和能源动力工程专业进行管线铺设。到施工现场时再铺设挤塑聚苯板、外墙龙骨和外饰面板。模块

自然采光模拟   表 5-4

自然采光模拟分析						
开窗形式	中庭	阳光房	南向开窗	西向开窗	北向开窗	东向开窗
窗墙比	—	—	0.32	0.06	0.04	0.07
采光模拟						
结论	1.8m×3m的中庭给公共空间带来大量光照	2.4m×3.9m的南向阳光房补全了公共区域光照	南向开窗较大，满足日常光照	西向开窗满足辅助空间采光需求	北向窗户通风作用大于光照	东向窗户对采光影响不大

表格来源：谢文驰、陈楠绘制

自然通风模拟   表 5-5

自然通风模拟分析				
	南向开窗	北向开窗	西向开窗	东向开窗
东南风				
西北风				
结论	开启南、北窗时，东南风被引入室内形成贯穿南北的穿堂风，利用烟囱效应进行室内的通风换气		西窗满足西侧辅助空间的通风要求，且不会干扰南北气流的交换	东侧开窗后打破了原有的风流，所以将东侧窗只定位于采光需求而不会用于通风

表格来源：谢文驰、陈楠绘制

拼接缝采用发泡胶填充，增强围护结构整体保温与气密性，屋面铺设两层防水，避免雨水渗透。厚实的墙体结构既满足了住宅的保温需求，也增强了隔声性能。地面和屋顶的保温和墙体外保温连成一体，并对连接处进行气密性处理，避免不必要的热损失。围护结构构造模型及做法如图5-36所示。

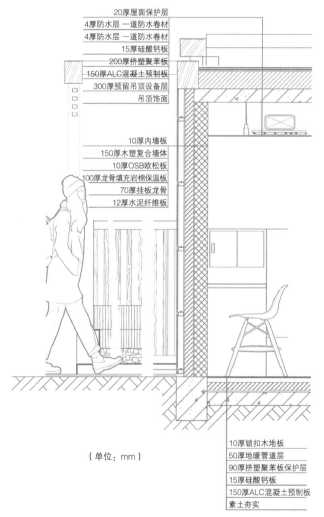

| 20厚屋面保护层 |
| 4厚防水层 一道防水卷材 |
| 4厚防水层 一道防水卷材 |
| 15厚硅酸钙板 |
| 200厚挤塑聚苯板 |
| 150厚ALC混凝土预制板 |
| 300厚预留吊顶设备层 |
| 吊顶饰面 |
| 10厚内墙板 |
| 150厚木塑复合墙体 |
| 10厚OSB欧松板 |
| 100厚龙骨填充岩棉保温板 |
| 70厚挂板龙骨 |
| 12厚水泥纤维板 |

（单位：mm）

| 10厚锁扣木地板 |
| 50厚地暖管道层 |
| 90厚挤塑聚苯板保护层 |
| 15厚硅酸钙板 |
| 150厚ALC混凝土预制板 |
| 素土夯实 |

图 5-36　围护结构构造模型及做法

图片来源：苗舒康绘制

5.3.2.5　热力系统设计中的专业间协同

在乡村统建住宅设计中，热力系统是非常重要且复杂的，根据张家口地区的气候数据信息，并结合SDC竞赛要求和相关设计规范，能动专业经过五个备选方案的比较，最终选择太阳能水源热泵系统作为T&A House的热力系统。该热力系统主要包括集热器、中控机组和暖通空调系统三个部分，分别由能动专业的三位同学进行设计模拟，协同完成热力系统的设计。本节主要阐述集热器和中控机组的协同设计（图5-37），暖通空调的协同设计将在下一小节具体阐述。

热力系统中的集热端即太阳能集热器系统，是一种主动式的太阳能利用形式，可以避免利用电能加热，从而降低能耗，提升建筑能源使用效率。集热器系统的工作原理如图5-38所示，夏季夜间利用屋面喷淋装置获得并收集冷水，经由蓄冷水箱加入热力系统的循环；冬季利用集热管获取热水，加以一定的保温措施为住宅供暖。

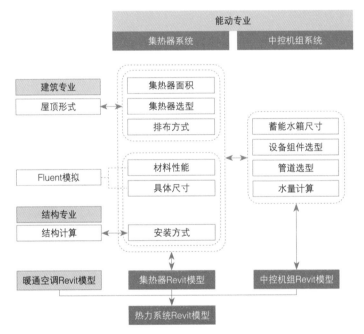

图 5-37　热力系统中的协同设计方法
图片来源：芮阅绘制

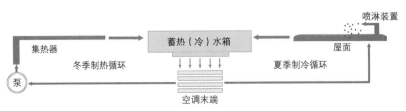

图 5-38　集热器冬、夏工作循环简图
图片来源：谢文驰、陈楠绘制

在初步设计阶段，负责集热器系统设计的人员已经与建筑专业人员针对集热器的面积、初步选型、排布方式方面进行协同来优化住宅的屋顶形式。在深化阶段，需要细化集热器的具体尺寸、组成材料以及安装、连接方式。集热器设计人员利用Fluent软件进行模拟，得到了管壁厚度、管径大小、保温层厚度、介质的不同以及环境温度变化对集热管保温性能的影响，并通过WORKBENCH进行变量分析与对比，进一步验证计算结果，确定最终的材质方案。屋面横排集热管的总尺寸为5100mm×1620mm，结构设计人员根据集热器BIM模型中的相关参数信息，对集热管进行均布荷载、圆管惯性矩、允许形变量进行计算，为满足横管的刚度要求，结构人员根据计算结果在屋面设置七座集热器支架用于支撑套管，最大间隔为2.7m。集热管立管部分采用不锈钢材料来达到需要的刚度与强度，不设置支撑结构。集热管的连接处选择90°弯管平滑过渡横管与立管，不仅可以降低流动阻力，也具有一定美观性，符合集热管与建筑造型的一体化要求。集热器系统的BIM模型如图5-39所示。

通过集热器系统设计人员对集热器面积和系统性能的确定，负责热力系统中控机组的设计人员对蓄能水箱的体积进行细化设计，并对系统中的其他设备组件进行设计与选型，

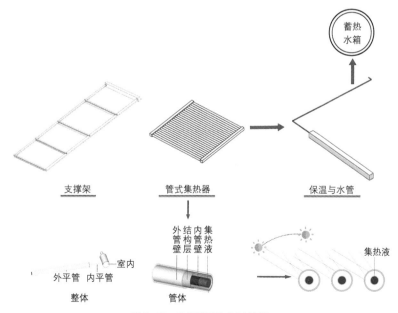

图 5-39 集热器系统 BIM 模型

图片来源：谢文驰、陈楠绘制

如压缩机、冷凝器、蒸发器、节流机构和辅助设备等。确定选型后，中控机组设计人员在Revit中完成相关模型的建立（图5-40）。由于中控机组的设计主要是负责将太阳能集热器和室内末端设备联系起来，使水在集热管、水箱和暖通设备中完成循环流动，将太阳能集热器获得的能量传导给室内设备进行供暖与制冷，所以中控机组的设计人员在设计过程中与集热器系统、暖通空调系统的设计人员不断进行设备协调修改，确保三个系统的设计与连接不出现问题，以完成整个热力系统的协同设计。

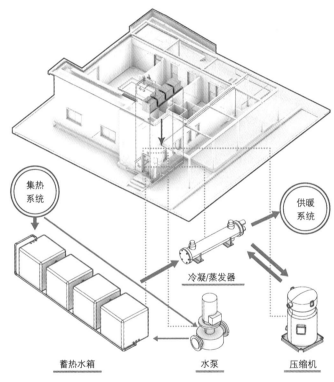

图 5-40　中控机组系统 BIM 模型

图片来源：谢文驰、陈楠绘制

5.3.2.6　暖通空调系统设计中的专业间协同

热力系统的末端就是暖通空调系统，T&A House的暖通空调系统设计由能动专业负责空调末端系统的人员负责，包括暖通系统的BIM建模，与同专业集热器系统、中控机组系统设计人员的协同以及与其他专业的协同设计等内容。暖通空调系统协同设计方法如图5-41所示。

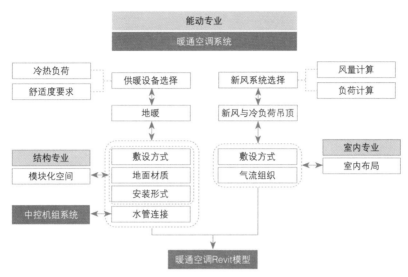

图 5-41 暖通空调系统中的协同设计方法
图片来源：芮阅绘制

基于建筑与结构专业对围护结构的具体组成和传热系数等信息的细化，暖通空调设计人员对通过围护结构传入的热量、透过外窗的太阳辐射热量，以及室内设备、照明系统、人员流动等产生的散热量进行计算，得出住宅初步冷热负荷。根据计算结果分析以及人体舒适性要求，最终确定T&A House以地暖辐射满足冬季供热，在夏天采用冷辐射吊顶和独立的新风系统来调节空气。

地暖通过低温热水来均匀加热地面，并利用地面辐射和对流向室内传热，散热面积约为105m²，范围包括主卧、次卧、开放大空间及餐厅区域，其热水由热力系统的中控机组输入。在设计时为满足设计标准与能耗需求，并结合张家口地区的气候特征及采暖需求，将T&A House的冬季室内温度定为20℃，湿度为50%。在地暖敷设时，考虑到住宅的模块化结构设计，所以并非传统的按房间布置，而是按照模块的平面划分尺寸来进行供暖区域的划分，一共分为7个供暖区。地暖管道采用回绕法（图5-42），每个模块都有单独的进水管和回水管，可根据实际的使用需求独立开启或关闭。控制设备统一置于厨房柜中，通过进水管和回水管连接到中控机组系统中。基于国家标准的要求，设计人员对地暖的材质和管道尺寸进行深入设计，并在结构人员的建议下，将地暖管设置于框架之上、地板之下。

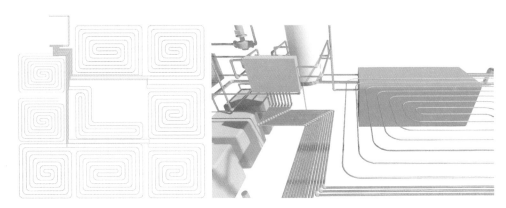

图 5-42   地暖管道布置图
图片来源：谢文驰、陈楠绘制

空调系统是独立新风系统与吊顶冷辐射板的结合，可以解决辐射吊顶的结露问题，并且能够节约风机能耗，将顶板的冷却能力提高15%～20%。

在对新风系统进行具体设计与选型之前，设计人员根据相关规范进行新风量和排风量的计算，并对新风负荷、湿负荷和显负荷进行计算，根据计算结果选定新风系统采用冷却除湿配置方案。

设计人员还进行了室内空气气流的组织设计，这是影响室内空气调节的重要环节。影响气流组织的因素很多，设计时需结合室内温湿度、风速、噪声和ADPI数等要求，并参考室内布局、家具布置和装饰工艺来确定新风系统的设计和风口的敷设。在敷设时为了避免风管与地暖水管发生碰撞，新风系统选择了上送上回分布法。卫生间与厨房不设统一的风口，采用排气扇进行换气。遵循住宅平面布局和室内设计的要求，新风管道敷设如图5-43所示，敷设位置为吊顶天花层之中。

在设计冷辐射吊顶时，需要计算出吊顶的传热量，并对所需面积进行计算，采用将毛细管嵌入石膏辐射板的形式进行安装。在完成地暖系统、新风系统和冷辐射吊顶的设计后，暖通空调系统的设计也基本完成，具体的BIM模型如图5-44所示。

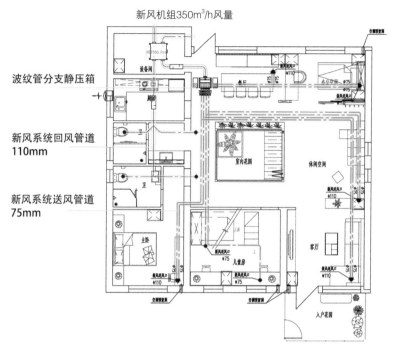

图 5-43　新风管道布置图

图片来源：苗舒康绘制

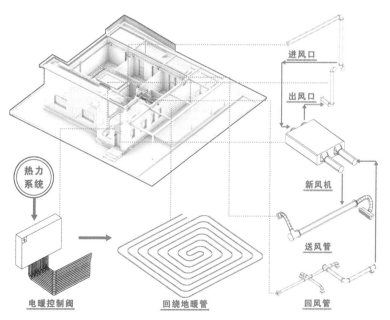

图 5-44　暖通空调系统 BIM 模型

图片来源：谢文驰、陈楠绘制

5.3.2.7　水处理系统设计中的专业间协同

为了减少住宅污水排放，T&A House的水处理系统主要包括建筑给水排水的布置设计和雨污水的循环利用，这在设计时是密不可分的，由三位环境工程设计人员及建筑、室内、电气专业人员相互协同，共同完成（图5-45）。

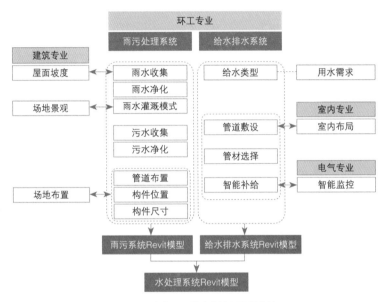

图 5-45　水处理系统中的协同设计方法
图片来源：芮阅绘制

在初步设计阶段，两位设计人员已经根据相关参数初步搭建了水处理工艺流程，并且计算出了所需的构筑物数量，在深化设计阶段需要对水处理系统的布置和构件进行细化。

T&A House中的雨水处理形式有两种：自然过滤净化和回收再利用。自然过滤净化的雨水处理主要通过雨水花园来实现，这主要在初步设计阶段与场地设计结合以实现功能与美观的协同。回收再利用部分主要针对屋顶雨水的收集，环工设计人员向建筑和结构设计人员提出利用屋面坡度来实现雨水的自然收集以减少设备的使用进而减少能耗。在建筑人员确认倾斜屋面方案后，结构设计人员将南侧模块的屋面略向北倾斜，使雨水流向北侧，与斜坡屋顶向南流下的雨水汇聚于一条雨水道，在雨水道西侧设置雨水斗，将雨水顺利地导流到水处理系统中，经过处理来供日常使用。

对于生活污水的处理，主要是卫生间污水、厨房污水和洗衣污水，处理步骤同雨水处理，只多了化粪池、净化槽和提升井处理。因此在进行建模设计（图5-46）时，雨污系统设计人员需要不断协同沟通构筑物的尺寸、数量与布置位置，避免重复设计与互相碰撞。

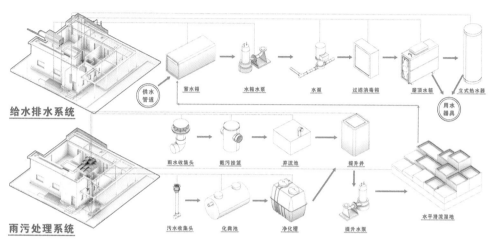

图5-46　水处理系统 BIM 模型
图片来源：谢文驰、陈楠绘制

住宅的给水排水系统由环境工程专业的给水排水设计人员负责，通过不同给水类型优缺点的比较分析和住宅的用水需求，选择了市政管网直供和水箱给水结合的给水方式。

市政管网供水主要满足住户的洗漱、淋浴和洗涤需求，结合平面布置，采用下行上给的供水方式，具体管道敷设形式如图5-47（a）所示。水箱给水主要为大便器、车库和光伏板的清洗提供雨水循环中经过处理的回用水，具体管道敷设形式如图5-47（b）所示。给水排水设计人员与光伏系统设计人员沟通后，确定水箱位置于屋顶且高于光伏板，可依靠重力作用减少一部分电能使用。水箱设置自动控制系统，在水箱不能满足需求时可由市政管网进行补充。通过对给水管网水力和水头损失的计算验证，市政管网和水箱的水压可以满足住宅日常的给水需求。

住宅的排水器具主要有大便器、淋浴器、洗脸盆、洗衣机和洗菜池，排水管道敷设布置如图5-47（c）所示。通过对排水当量和排水流量的计算，确定了不同位置的排水管管径选择和坡度设计，并对水管材质进行选择与确认。

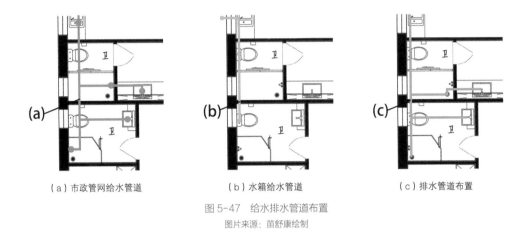

（a）市政管网给水管道　　　　（b）水箱给水管道　　　　（c）排水管道布置

图 5-47　给水排水管道布置

图片来源：苗舒康绘制

5.3.2.8　智能控制系统设计中的专业内协同

T&A House智能控制系统包括传感器、控制中心和无线通信技术，由电气工程、室内设计、环境工程和能源动力工程专业基于Matlab软件仿真模拟完成对室内环境、水处理和温度控制三个监测模块的协同设计。具体的协同设计方法如图5-48所示。

基于零能耗建筑规范和SDC竞赛要求，室内环境监测主要针对室内温湿度、CO_2浓度和PM2.5含量三个方面进行监测，根据平面功能布局，选择在主卧、儿童房及公共空间布

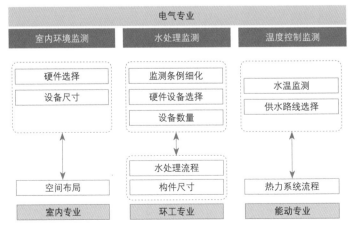

图 5-48　智能系统中的协同设计方法

图片来源：芮阅绘制

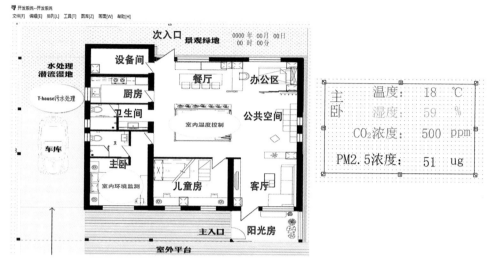

图 5-49 室内环境软件监测系统
图片来源：芮阅绘制

置3个I/O模块和4个传感器，完成硬件连接和相关参数信息设置后开始进行数据监测。智能控制设计人员在软件中建立I/O设备，完成监测模块的硬件连接，并设置相关参数变量。以主卧为例，室内环境监测的显示界面如图5-49所示。

水处理系统由电气工程与环境工程专业协同设计，通过环境工程专业提供的水处理流程与构件尺寸，电气专业对蓄水池和水箱的水位高度进行监测，结合规范标准设置水位临界值，以此来控制水阀开关，最后通过软件对水位监测系统运行状况进行模拟验证。根据监测内容的不同，电气专业需要对监测设备进行选择，并将设备接入控制中心实现对水处理系统的智能监测。

T&A House温度控制系统由主动式与被动式两种形式组成。主动式通过智能控制系统调节设备的供暖和制冷，被动式通过阳光房、中庭等空间的蓄热和散热完成对室内温度的调控。因为涉及供暖和制冷设备调控，所以需要电气和能源动力工程专业协同设计。电气专业通过对集热管水温的监测，基于不同的水温设计相应的水阀开关。冬季当水温高于55℃时进行热水供暖，夏季当水温低于17℃时进行冷水降温，通过设计不同的供水路线，形成供暖与制冷双用的智能控制系统。

5.3.3　多专业协同建模

在T&A House设计的前期，由于只需进行住宅的概念表达，建筑专业为了更快更灵活地表达设计构想，采用了传统的Sketch Up三维建模来对多个概念方案进行表达。在建筑方案生成阶段主要进行BIM模型构建，建筑专业负责人在Revit中为项目建立标高轴网，各个专业都基于此设定进行本专业的设计建模。

建筑专业在既定的轴网和标高下，根据概念模型建立BIM建筑初步模型。由Sketch Up创建的形体数据可通过SKP格式导入Revit中，这时对模型深度要求较低，只需达到LOD100即可。在方案生成阶段，模型深度需达到LOD200，深化了门、窗、墙、屋顶、天花等主要构件，并进行初步的性能分析。深化设计阶段的模型深度为LOD300，包括住宅所有详细构件、尺寸、材料信息。

由于T&A House的体量较小，整体结构也不复杂，所以结构专业可以在建筑专业提供的BIM建筑模型上进行建模，利用已设定的建筑标高和轴网等信息创建结构专业的标高和轴网。结构专业在Revit中创建结构初步模型后，通过YJK-REVIT转换接口将模型导入YJK软件中进行结构分析与计算，之后可重新载入Revit中进行调整与后续设计[5]。模型建好后，Revit能自动形成结构分析模型，在分析模型上附加设计荷载等信息，完成结构的荷载计算。最后将YJK模型和设计结构导入ANSYS中进行弹塑性动力时程分析和施工模拟分析。最后在Navisworks软件中将模型合并，进行专业碰撞检查。

电气工程专业需要创建并深化太阳能光伏系统BIM模型，在建立电气样板后，电气专业人员将建筑专业已有的文件链接到当前项目中，并复制标高、轴网等信息以保证同步更新。在Revit软件中进行照度计算和负荷计算，以确定逆变器、配电箱等相关设备的具体尺寸。

能源动力工程专业负责T&A House中集热器系统、热力中控系统和暖通空调系统的模型创建，具体包括设备布置、末端布置、管线布置和管线附件布置。在方案生成阶段，能动专业根据建筑方案编制本专业的BIM项目样板进行建模，并对管线设定不同的材质或颜色以便在后续进行碰撞检查时能够快速地定位管线，便于修改。在建模过程中，能动专业基于协同模型与其他专业互相提资来不断调整与深化模型的建立，减小了零能耗建筑中多个专业的协同难度，避免各专业间信息孤立出现错漏问题。由于BIM工具的使用，能动专业在方案生成阶段就根据建筑的体量模型对建筑进行能耗模拟、冷热负荷估算等分析运算，根据运算结果再对模型进行调整以达到零能耗的目标。

环境工程专业在进行BIM建模时以建筑专业的BIM模型为基础，同样需要编制本专业的BIM项目样板，对雨污系统和给水排水系统进行建模，主要包括各类水管及相应的阀门阀件等模型创建，水泵、水箱的选型布置则基于BIM插件来完成。有的设备构件需要新建并填入相应的性能参数，这就要求建筑专业在搭建模型时需使用包含给水排水参数的构件进行相应建筑模型的建立。给水排水人员还需复核相应专业提资的设备布置及参数是否满足给水排水设计规范要求，若不满足要求，则经过交流由原设计专业进行调整。由于不同专业间采用链接方式进行协同，需采用过滤器选择所有需要环境工程专业配合的设备并使用复制/监视功能复制到环工模型中，这样能够保证上游专业在修改模型后，环工专业能收到修改提示以调整相关设计。

各设备专业的BIM协同建模内容如图5-50、表5-6所示。

各专业协同初步建模完成后，将模型上传到协同大师软件，借助软件轻量化浏览功能向组委会、村民及施工方进行模型展示，在多方协同反馈的基础上进行模型初步优化设计。

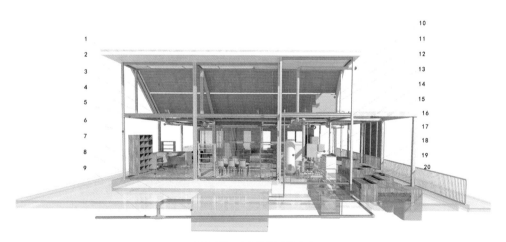

图 5-50　专业协同建模内容
图片来源：谢文驰、陈楠绘制

专业协同建模内容　　　　　　　　　　　　表 5-6

协同专业	协同建模内容		
	建模系统	对应序号	安装位置
结构专业	模块框架体系	5.100mm×100mm H梁	用于传递屋面荷载和拉接稳固框架
		6.100mm×100mm方钢管	布置于条形基础之上支撑建筑
电气专业	光伏系统	1.光伏板	距屋面100mm同等角度一体化布置
		15.逆变器、配电箱	布置于西北角设备间墙壁顶部
能动专业	热力系统	14.管式冷热兼顾集热器	布置于屋面之上呈东西向横置
		17.压缩机、冷凝蒸发器	布置于西北角设备之间
		18.4×1立方并联水箱	布置于设备间地下保温层
	暖通空调系统	2.新风系统送风管	布置于屋面吊顶夹层之中
		3.新风系统过梁器	布置于管道与框架碰撞之处
		7.回绕型地暖管	布置于框架梁之上地板层之下
		10.新风进风口	布置于设备间西墙顶部
		12.新风系统机	布置于厨房间吊顶层中便于打开保养
		16.新风出风口	布置于设备间北墙偏下部
	集热器系统	4.集热器输水管	布置于屋面吊顶夹层中减少热量损失
环工专业	雨污处理及给排水系统	8.蓄水箱	布置于北面草坪底下保温防冻
		9.市政供水管	布置于地面之下连接供水管道
		11.屋面水箱	布置于设备间中及厨房屋面层之上
		13.200L立式电热水器	布置于西北角设备间之中
		19.水平潜流湿地	布置于西北角绿地处美化环境
		20.净化槽和提升井	布置于西北角绿地之下

表格来源：芮阅绘制

5.4　基于 BIM 的设计优化

5.4.1　碰撞检查管线优化

T&A House各专业协同建模完成后，进行各部分模型文件提交。由BIM组人员进行模型的整合，并对整合后的模型进行碰撞检查，生成冲突报告，如图5-51所示。

在完成模型整体碰撞检查后，由工程管理组对碰撞检查内容进行专业分类整理并反馈给各专业进行模型修改。在T&A House的碰撞检查中，分别进行了管道、管件之间以及管道、管件和结构柱、结构框架之间的碰撞检查，部分碰撞检查结果如图5-52所示。

冲突报告

成组条件：　　类别 1，类别 2　　∨

消息

□ 专用设备
　□ 常规模型
　　　专用设备：连接件1：连接件1：ID 440183
　　　常规模型：角件1：角件1：ID 440196
　　□ 常规模型
　　　专用设备：连接件1：连接件1：ID 440198
　　　常规模型：螺母：螺母：ID 441590
　　□ 常规模型
　　　专用设备：连接件1：连接件1：ID 440198
　　　常规模型：螺母：螺母：ID 441592
　⊞ 常规模型
　⊞ 常规模型
　⊞ 常规模型
　⊞ 常规模型
　⊞ 常规模型
　⊞ 常规模型
　⊞ 常规模型
　⊞ 常规模型
　⊞ 常规模型
　⊞ 常规模型
　⊞ 常规模型
　⊞ 常规模型

创建时间：　　2021年6月20日 16:52:15
上次更新时间：

注意：刷新操作会更新上面列出的冲突。

显示(S)　　导出(E)…　　刷新(R)　　　　　　　　　　关闭

图 5-51　T&A House 冲突报告
图片来源：苗舒康绘制

图 5-52　T&A House 碰撞检查结果
图片来源：谢文驰、陈楠绘制

5.4.2 模型优化

T&A House各专业在得到工程管理组整理反馈的冲突报告后，需要对模型进行协同修改。具体步骤分为以下几个阶段：①针对上次的冲突内容进行修改方案设计；②由各专业组长进行方案协商，确定最终修改方案；③各专业人员根据修改方案进行模型整改。在模型修改完成后交由BIM组进行模型整合，再次进行碰撞检查[6]。重复以上步骤直至模型无碰撞。T&A House优化后BIM模型如图5-53所示。

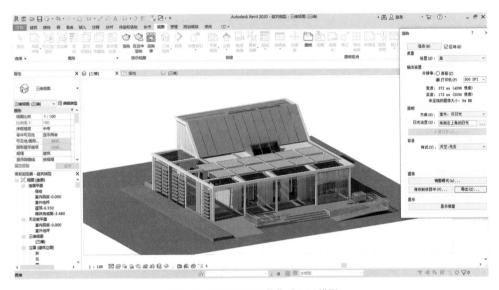

图 5-53　T&A House 优化后 BIM 模型

图片来源：苗舒康绘制

在模型最终优化结束后，设计团队将T&A House整体模型最终版上传到协同大师软件，通过软件轻量化浏览功能向组委会、村民和施工方展示项目最终成果，如图5-54所示，完成最终整体模型交付工作。

5.4.3 住宅能耗分析

在T&A House的设计中，采用鸿业软件（HY-EP）作为主要的负荷和能耗模拟软件，并且基于BIM的全信息化模型体系，各专业根据住宅能耗模拟的结果对各自的设计部分进行优化调整。

图 5-54　协同大师轻量化浏览 BIM 模型
图片来源：苗舒康绘制

在利用鸿业软件对T&A House进行负荷计算和能耗模拟时，首先在Revit中将模型简化，删除不必要的设备并，需要对模拟的房间进行划分，共分为主卧、次卧、主卫、次卫、淋浴间、中庭、厨房和公共空间八个空间，并对房间的标高进行修改与确认。完成设置后，可直接导出gbXML格式文件（图5-55），导出时对建筑类型、建筑位置进行设置。

在HY-EP中可通过BIM接口功能导入gbXML文件，Revit模型中的空间数据信息则会同步到软件中，可直接进行负荷计算并查看结果。接着在HY-EP中建立空调系统，对空调冷源/热源、冷却系统、新风系统、热泵系统、采暖系统进行具体参数设置，可用来模拟住宅能耗。

模拟得出的能耗结果见表5-7，建筑能耗综合值为不含可再生能源发电的建筑能耗综合值（供暖、供冷、照明、生活热水及电梯系统）减去可再生能源发电量，通过相对应的能源换算系数得出T&A House的能耗综合值为52.26（kWh/m^2·a）。《近零能耗建筑技术标准》GB/T 51350—2019中规定："零能耗建筑是近零能耗建筑的高级表现形式，其

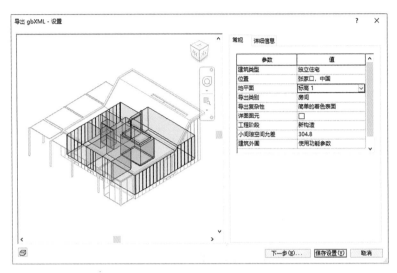

图 5-55　BIM 空间模型导出
图片来源: 芮阅绘制

室内环境参数与近零能耗建筑相同, 充分利用建筑本体和周边的可再生能源资源, 使可再生能源年产能大于或等于建筑全年全部用能的建筑。"根据其能效要求, 近零能耗建筑的建筑能耗综合值应不大于55（kWh/m²·a）, 通过对比, T&A House的能耗综合值符合其要求。在此基础上, T&A House的全年耗电量为6961kWh, 光伏发电系统年发电量为7820kWh, 也符合"可再生能源年产能大于或等于建筑全年全部用能"的要求, 所以在理论上可以认为T&A House达到了零能耗建筑的标准和要求。但是软件模拟存在一定局限性, 其结果仅可作为参考, 真实的能耗数据还有待T&A House建成后进行现场实测。

T&A House 能耗模拟结果　　　　　　　　　　　　　表 5-7

T&A House	总能耗（kWh）	单位面积能耗（kWh/m²）
供暖能耗	1573.49	12.56
供冷能耗	2399.98	19.16
生活热水能耗	739.28	5.90
照明系统能耗	1833.64	14.64
设备系统能耗	2124.30	16.96

表格来源: 芮阅绘制

5.5　基于 BIM 模型的施工图创建

施工图设计阶段是建筑设计的最后阶段，这个阶段主要进一步深化项目中的技术问题、施工工艺、选材，核查建筑项目相关的规范，建筑在施工过程中的技术、工艺做法和用料等问题。此阶段是项目落地的重要阶段，在审图结束并修正完成后，才能交付业主予以施工。

5.5.1　图纸生成及打印格式

T&A House团队施工图纸是通过对BIM模型处理、添加视口、标注等功能，从而做到传统二维图纸的还原。同时也可利用三维的优越性，在复杂部位配以三维的轴测视图，以更准确地指导施工。施工图纸打印参数及部分图纸如图5-56所示。

（a）施工图纸打印参数

图 5-56　T&A House 图纸生成

图片来源：苗舒康绘制

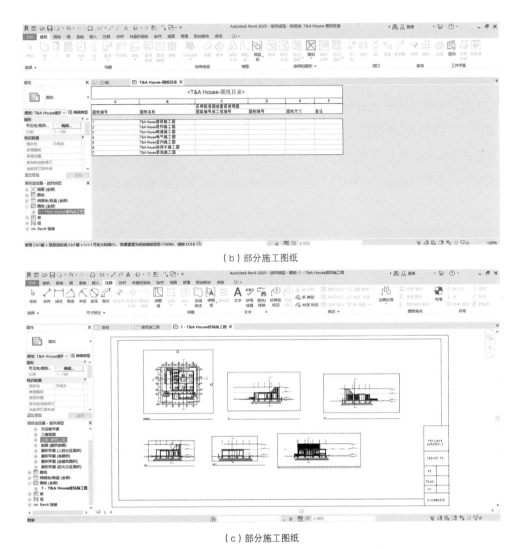

（b）部分施工图纸

（c）部分施工图纸

图 5-56 T&A House 图纸生成（续）

图片来源：苗舒康绘制

5.5.2 明细表生成

T&A House团队将设备参数录入到设备族中，并且利用设计模板中预设的明细表模板，轻松获得与模型对应的设备明细表，如图5-57所示，并将此明细表应用到了工程概算的工作中，在设计阶段快速得到成本的预估算。在此基础上与竞赛组委会和施工方对材料与设备选型进行协商，控制建设成本。

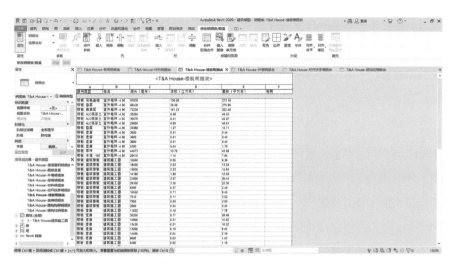

图 5-57　T&A House 明细表

图片来源：苗舒康绘制

5.5.3　图纸审查

T&A House团队将Revit模型中的图纸导出DWF格式文件，以 PKPM软件打开，在平面图中提取三维模型中的信息，实现平面的云线、文字标注和统计，方便审查人员更清晰地了解设计意图和内容，如图5-58所示。

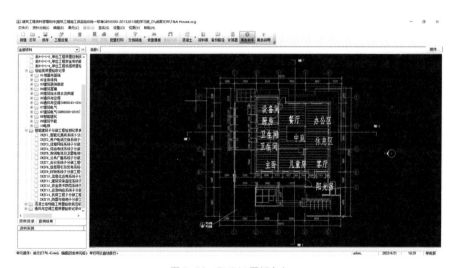

图 5-58　PKPM 图纸审查

图片来源：苗舒康绘制

图纸审查结束后，审查员将修改意见反馈给团队工程管理组人员，由工程管理组人员将修改意见分类整理反馈给各专业进行修改。一稿修改完成后再次递交审查员进行二审，直至审查员无修改意见，最后将最终版的施工图递交施工方进行现场施工。

基于BIM的乡村统建住宅单体建筑协同设计通过BIM软件和环境，以BIM数据交换为核心，协同专业人员、政府、村民、施工方等各阶段参与人员，取代了传统建筑设计模式中低效的协同工作，打破专业内、专业间、专业与非专业人员间信息传递的壁垒，实现实时多向交流，减轻了设计人员的负担、提高了设计效率。

T&A House的设计充分体现了跨专业、多方面的合作交流所带来的好处，从概念设计到方案设计再到深化设计直至最后的施工图出图阶段，基于BIM的协同设计都极大地提高了设计效率，降低了设计的误差。但是，本项目在实际设计过程中仍存在以下几点不足：

1）协同设计方法有待优化

T&A House是本团队首次进行零能耗住宅的BIM协同设计，由于缺乏实践经验，在不同零能耗技术的协同设计上还存在一定缺陷和不足。比如，在T&A House协同设计中建筑专业先进行了形体方案的设计，再与光伏、集热器设计人员协同对一个方案进行优化。而更理想的方法为，在对住宅形体进行设计前，光伏、集热器设计人员就将光伏板面积、安装位置、集热器面积等信息反馈给建筑专业，利用这些信息进行住宅形体的协同设计可以一步到位，避免先完成初步形体设计后又针对光伏、集热器系统进行修改。因此在进行专业间协同设计前，每个成员就需了解各专业的设计信息，这样就可以在设计前确定协同内容，提高设计效率。

2）协同设计步骤有待细化

由于在设计初期并没有制订详细的BIM协同流程表，而只是大致规范了协同阶段与协同内容，导致项目组在实际的设计中并不能十分合理地规划具体设计内容，有时会出现个别专业跟不上协同进度的问题，不利于整体进程的把控。实际可以根据参与专业与零能耗设计需求制订详细的协同步骤，可具体到每天每个专业的工作内容，对需多专业协同进行的内容可安排弹性时间，以保证设计按时保质完成。

3）全专业 BIM 技术应用不足

在概念方案设计时，建筑专业还是利用了常规建模软件Sketch Up，一是运用比较熟练，二是能够快速地表达设计理念。实则，如果一开始就采用Revit软件进行概念表达，可以更早地进入专业协同阶段，减少后续方案修改的次数。T&A House的材料统计和工程预算等方面也并没有应用到BIM软件，而是由工程管理人员手工完成的，虽然工程预算不是实际的建筑设计，但是其结果对建筑设计和施工影响重大，在之后的设计中应将所有建筑信息集成到一个BIM模型中。

但这些问题主要源于设计团队基于BIM协同的初次应用，熟练度较低。这也从侧面证明了基于BIM的协同设计潜力巨大。将其应用在乡村统建住宅的设计中可以为乡村统建住宅的"专业统建+乡村自建"模式奠定基础。村民可根据需要在不同时间段在专业统建允许的范围内参与进项目，进行自主建设，同时全程可获得专业指导，这种协同建设模式既保证了乡村统建住宅整体布局和风貌的统一完善，具有专业性和品质保证，又在单体建筑中体现地域性、多元性与乡土性，是适应于乡村发展的建设模式。

参考文献

[1] 刘鹏. 国际太阳能十项全能竞赛（栖居）设计与建造研究[D].西安：西安建筑科技大学，2014.
[2] 徐慧明. 基于BIM原理多专业协同设计及应用的研究[D].沈阳：沈阳建筑大学，2020.
[3] 刘燕兵. 基于低能耗理念的装配式轻钢结构农宅设计策略[D].张家口：河北建筑工程学院，2019.
[4] 芮静雯. 夏热冬冷地区农村住宅室内热环境与被动式节能技术研究[D].上海：上海交通大学，2020.
[5] 吴剑，李信炀. 钢结构住宅项目BIM应用案例分析[J].建筑技艺，2018（S1）：251–254.
[6] 张晨. 基于BIM技术的建筑工程碰撞检查及优化研究[J].工程建设与设计，2021（7）：116–118.

图书在版编目（CIP）数据

基于 BIM 技术的乡村统建住宅协同设计模式 / 姚刚，常虹，罗萍嘉编著 . —北京：中国建筑工业出版社，2022.12

ISBN 978-7-112-28287-6

Ⅰ. ①基… Ⅱ. ①姚… ②常… ③罗… Ⅲ. ①农村住宅—建筑设计—计算机辅助设计—应用软件 Ⅳ.
① TU241.4-39

中国版本图书馆 CIP 数据核字（2022）第 244001 号

责任编辑：杨　虹　尤凯曦
责任校对：姜小莲

基于 BIM 技术的乡村统建住宅协同设计模式
姚 刚　常 虹　罗萍嘉　编著
*
中国建筑工业出版社出版、发行（北京海淀三里河路 9 号）
各地新华书店、建筑书店经销
北京雅盈中佳图文设计公司制版
北京富诚彩色印刷有限公司印刷
*
开本：787 毫米 ×1092 毫米　1/16　印张：$17\frac{1}{4}$　字数：309 千字
2022 年 12 月第一版　2022 年 12 月第一次印刷
定价：**168.00** 元
ISBN 978-7-112-28287-6
（40741）